Principii bazice

Articolul prezintă principiile de bază ale Teoriei Totului propuse de Bepe Popu. Această teorie redefinește concepte fundamentale ale fizicii, precum masa, spațiul, energia și gravitația, printre altele, oferind o perspectivă alternativă asupra formării și evoluției universului.

„Tipărire și editare: BoD – Books on Demand
info@bod.com.es - www.bod.com.es
Tipărit în Germania – Tipărit în Germania
ISBN: 9788411747202

Română

Stimați cititori

Se prezentă o teorie inovatoare despre originea și evoluția realității, o teorie bazată pe conceptul fundamental de "**Stare**". Această teorie își propune nu doar să unifice teoriile existente despre univers, ci și să integreze cunoașterea umană actuală în general, de la cunoștințele populare la filosofie și știință. Deși pretenția că această teorie poate explica întregul spectru al realității poate părea ambițioasă, ea este riguros fundamentată pe cunoștințele umane actuale provenite din știință, filosofie și multe altele, și încorporează doar concepte logice bine definite, prezente în realitatea fizică observabilă. Această abordare transcende speculațiile întâlnite adesea în diverse discipline ale cunoașterii umane, oferind o perspectivă holistică și unificatoare asupra universului. Această teorie reîncorporează Fizica Clasică, considerată anterior insuficientă pentru a explica pe deplin complexitatea fenomenelor cosmice, și o integrează într-un cadru conceptual mai larg, oferind astfel o descriere mai completă și nuanțată a funcționării universului și a naturii realității în sine.

Propunem un model funcțional fundamental al realității, caracterizat printr-o funcționalitate repetitivă, acumulativă și ciclică, care se manifestă într-o serie de combinații ce definesc diferite etape de transformare a formei, consistenței și structurii. Această funcționalitate omniprezentă se bazează pe formarea a multiple referințe, fiecare cu diferențele sale specifice, care se compactează într-un proces dinamic de sincronizare continuă. Cu toate acestea, sincronizarea obținută este inerent instabilă, disipându-se odată cu dispariția uneia dintre condițiile necesare pentru formarea și menținerea sa.

Sincronizarea este un proces gradual și dinamic, în timp ce desincronizarea rezultată este un eveniment atemporal și non-dinamic. Această combinație paradoxală a unei desincronizări non-dinamice și a unei sincronizări dinamice generează o creștere dinamică în sistem, cu o acumulare continuă de dinamism, elementul fundamental al realității.

Română

Această creştere a dinamismului implică o acţiune repetitivă şi acumulativă, ceea ce înseamnă că sistemul creşte în magnitudine cu fiecare ciclu complet.

Această creştere exponenţială explică magnitudinea actuală a realităţii sau a universului însuşi şi este singura teorie capabilă să ofere o explicaţie plauzibilă a magnitudinii şi complexităţii observate în prezent.

În centrul acestei teorii a Realităţii se află starea "Nimic", un concept aparent paradoxal, dar esenţial pentru înţelegerea genezei universului. Starea "Nimic" nu este un simplu vid, ci o stare de potenţialitate pură, nelimitată de legile fizicii sau de constrângerile timpului. În această stare, orice transformare este posibilă, dar pentru a persista trebuie să îndeplinească condiţia perpetuării continue, adică să fie ciclică. Această teorie prezintă un sistem ciclic, persistent şi acumulativ, care creşte cu fiecare ciclu. Un sistem funcţional care poate explica tot ceea ce există, elemente, efecte şi acţiuni într-un univers consolidat aşa cum îl cunoaştem.

Din această stare, numită de fondatorul teoriei "Nimic", printr-un proces atemporal numit formarea primei referinţe, se iniţiază realitatea primordială. Această primă referinţă, un început de structură într-un mediu de potenţial pur, se dezintegrează şi se reintegrează într-o acţiune dinamică iniţială, generând Dinamismul Primordial.

Acest dinamism primordial este forţa motrice a universului, structurându-se iniţial ca Masă Primordială, substanţa tangibilă fundamentală din care se vor forma toate structurile ulterioare, atât tangibile precum Masa, cât şi intangibile precum Spaţiul. În starea

"Nimic", timpul nu există. Formarea primei referințe, și deci apariția timpului, este un eveniment instantaneu, o tranziție bruscă de la potențialitate/neințiat la actualitate/acțiune, de la o stare neinițiată la o stare inițiată care acționează. Această acțiune reprezintă succesiunea de cauze și efecte (dinamică) pe care o percepem ca timp.

Această Masă Primordială se dezintegrează și se reintegrează într-un ciclu continuu, fiecare ciclu adăugând dinamism sistemului. Această acumulare de dinamism este ceea ce conduce la creșterea și evoluția universului. Pornind de la o referință infinitezimală și intangibilă, ajungem la vastul și complexul univers pe care îl observăm astăzi.

În această teorie, *dinamismul* este elementul fundamental al realității. Magnitudinea realității este direct proporțională cu magnitudinea dinamismului care o compune. Spațiul și masa, componentele familiare ale universului nostru, nu sunt altceva decât manifestări și evoluții ale acestui dinamism primordial. "**Analogie:** Dinamismul poate fi comparat cu conceptul de energie în fizică, dar cu o extindere și fundamentalitate mai mare. Asemenea energiei, care se conservă și se transformă în diferite forme, dinamismul se conservă și crește pe parcursul ciclului universal și se manifestă în diferite structuri și procese. Se evidențiază aspectul acumulativ și convertibil al dinamismului în cadrul ciclurilor universale, concept cheie în teoria prezentată."

În contextul teoriei prezentate, masa este definită ca o manifestare distinctă a dinamismului primordial, caracterizată printr-o structură cu traiectorii convergente și definite. Această structură permite masei să interacționeze cu spațiul, generând gravitație și contribuind la evoluția ciclică a universului.

Masa, împreună cu spațiul, este una dintre componentele de bază ale realității, ambele derivând din Dinamism. Diferența fundamentală dintre masă și spațiu constă în modul în care dinamismul se structurează în fiecare dintre ele: în timp ce masa prezintă traiectorii convergente, spațiul se caracterizează prin traiectorii nedefinite.

De-a lungul ciclurilor universale, masa acționează ca un "absorbant" sau "sincronizator" al spațiului, transformându-l treptat în mai multă masă. Acest proces de creștere a masei și de diminuare a spațiului este esențial pentru evoluția universului și formarea structurilor complexe, cum ar fi atomii și materia.

În esență, masa este o expresie a dinamismului într-o formă structurată și definită, care joacă un rol esențial în dinamica universală și în manifestarea realității așa cum o percepem.

În contextul teoriei prezentate, creșterea dinamismului cu fiecare ciclu universal este un concept fundamental. Această creștere se datorează procesului de reintegrare dinamică a maselor rezultate din descompunerea non-dinamică a masei primordiale. În timpul reintegrării, prezența spațiului permite accelerarea, iar gravitația, manifestându-se ca o forță de interacțiune indirectă între mase, face ca acestea să orbiteze și să se accelereze, culminând cu unificarea lor într-o nouă masă primordială odată ce spațiul a fost complet sincronizat.

Această accelerare și unificare a maselor generează o cantitate suplimentară de dinamism, care se adaugă la dinamismul preexistent în sistem, respectând principiile conservării.

Astfel, fiecare ciclu de dezintegrare non-dinamică și reintegrare dinamică a masei primordiale conduce la o creștere netă a dinamismului în univers. Această creștere a dinamismului este responsabilă pentru expansiunea universului cu fiecare ciclu, ceea ce îi conferă un caracter acumulativ, nu doar repetitiv. În consecință, următorul univers va avea o magnitudine mai mare atât în volum, cât și în componente și acțiuni.

În contextul teoriei prezentate, afirmația că Realitatea nu crește în altceva decât în sine și că expansiunea prin divizarea masei primordiale este o dezintegrare care nu este altceva decât o pierdere a densității realității în sine, cu creșterea volumului, poate fi definită după cum urmează:

Realitatea, în această teorie, este considerată o entitate finită și închisă. Tot ceea ce există este inerent propriei sale existențe, deci nu se poate extinde în "Nimic" altceva, deoarece nu este înglobat în "Nimic" altceva, nu este conținut în interiorul unui alt sistem sau structură și este compus dintr-o cantitate fixă și finită de dinamism, chiar dacă aceasta crește la încheierea unui ciclu complet. Prin urmare, creșterea realității nu implică adăugarea de noi elemente sau substanțe din exterior, deoarece exteriorul nu există, ci este doar o redistribuire și restructurare a dinamismului existent.

Dezintegrarea masei primordiale, care duce la expansiunea universului, nu este o creștere a realității în altceva, ci mai degrabă o dispersare a dinamismului, care creează un volum mai mare cunoscut sub numele de spațiu. Acest lucru duce la o scădere a densității realității, dar nu la o creștere a cantității totale de dinamism.

Acest punct de vedere sugerează că universul nu se află într-o expansiune infinită printr-o pierdere continuă de dinamism, ci mai degrabă într-un ciclu continuu de expansiune și contracție, în care dinamismul se dispersează într-o acțiune non-dinamică și apoi se reconcentrează într-o acțiune dinamică. Această viziune ciclică asupra universului este un concept esențial al teoriei prezentate.

Starea "Nimic", deși lipsită de legi fizice, este reprezentată de un potențial pur. În absența timpului și a limitărilor, orice transformare este posibilă. Această potențialitate este ceea ce permite apariția primei referințe și, prin urmare, tranziția de la starea "Nimic" la starea "Real".

În universul nostru consolidat, legile fizice guvernează totul. Aceste legi, bazate pe sincronizare și succesiunea cauzelor și efectelor, conduc la o convergență a întregului dinamism într-o singură traiectorie, formând o nouă Masă Primordială augmentată la sfârșitul ciclului complet de sincronizare. Dar această convergență este doar temporară, nu o stare definitivă. Odată ce sincronizarea convergentă completă este atinsă, universul se dezintegrează din cauza dispariției unei condiții esențiale pentru menținerea convergenței, dând naștere unui nou ciclu pornind de la un dinamism crescut în acțiunea universală anterioară.

Această teorie oferă o perspectivă nouă și profundă asupra naturii realității și a originii universului. Dacă teoria prezentată s-ar dovedi adevărată, realitatea ar fi descrisă după cum urmează:

Ciclică și acumulativă: Realitatea nu ar fi liniară sau statică, ci ar urma un ciclu continuu de expansiune (dezintegrare) și contracție (reintegrare). Fiecare ciclu ar adăuga mai mult dinamism realității, făcând-o să crească în complexitate și magnitudine.

Finită și închisă: Realitatea ar fi un sistem închis, fără un "exterior" în care să se extindă. Tot ceea ce există ar fi conținut în realitate, iar dinamismul total ar fi o cantitate fixă.

Bazată pe dinamism: Dinamismul ar fi elementul fundamental al realității, din care derivă toate celelalte elemente, inclusiv masa și spațiul. Ar fi forța motrice a tuturor schimbărilor și transformărilor din univers.

Guvernată de gravitație: Se spune că gravitația joacă un rol esențial în ciclul universal, acționând ca o forță de sincronizare care apropie masele și le împinge spre reintegrarea într-o masă primordială atunci când spațiul sau separarea vor dispărea.

Origine atemporală: Înainte de formarea primei referințe, timpul nu ar exista. Totul ar fi definit de o stare de potențialitate pură, fără succesiuni de cauze și efecte din cauza lipsei de elemente și structuri.

Determinată de legi fizice: Odată ce realitatea se manifestă, ar fi guvernată de legi fizice imuabile care determină modul în care dinamismul se structurează și interacționează.

Autoconștientă: Realitatea ar avea o formă de autoconștiință, reprezentată de realitățile intelectuale care apar pe măsură ce intelectul se dezvoltă. Aceste realități intelectuale ar fi inserate în realitatea obiectivă și ar influența-o în funcție de nivelul lor de cunoaștere. O analiză detaliată a acestui subiect poate fi găsită în cartea "Cunoașterea", publicată în spaniolă.

Această descriere a realității este radical diferită de concepțiile tradiționale. Ne provoacă să regândim modul în care înțelegem universul și locul nostru în el. Dacă s-ar valida, această teorie ar avea implicații profunde pentru cosmologie, fizică, filosofie și chiar modul în care ne percepem pe noi înșine și existența noastră.

Implicații

Teoria propusă de Bepe Popu poate revoluționa modul în care înțelegem universul și realitatea. Aceasta oferă o explicație unificată pentru toate fenomenele, de la formarea găurilor negre până la comportamentul atomilor, incluzând efecte și acțiuni prin definirea cauzelor și efectelor corespunzătoare. De asemenea, teoria contestă concepte bine stabilite în știința actuală, precum natura gravitației și expansiunea universului.

Dacă această teorie se dovedește validă, ar putea avea un impact semnificativ asupra modului în care înțelegem realitatea, deschizând noi căi de investigare științifică în fizică, cosmologie și nu numai. Cu toate acestea, este important de reținut că teoria este încă foarte nouă, chiar dacă reprezintă efortul intelectual individual al autorului de-a lungul a

33 de ani. Vor fi necesare experimente și validări suplimentare pentru ca această teorie să fie acceptată definitiv în comunitatea științifică.

"Această lucrare reprezintă contribuția unei singure persoane, care își propune să inițieze un dialog și o colaborare în cadrul comunității științifice pentru a explora mai departe aceste concepte."

Introducere la ceea ce urmează: Înțelegerea formării realității este o provocare fundamentală în diverse discipline. În analiz următoare, explorăm geneza realității printr-o perspectivă dinamică, luând în considerare elementele esențiale: Spațiul, Masa și Dinamismul. Propunem un model ciclic în care interacțiunea dintre Spațiu și Sasă, mediată de Gravitație, conduce evoluția realității.

Spațiul ca element unic

Inițial, considerăm un univers compus exclusiv din spațiu, o vastă magnitudine volumetrică compusă din dinamism cu traiectorii nedefinite. Deși aparent lipsit de schimbare, dinamismul inerent spațiului, ca potențialitate de schimbare, duce la condensarea într-o traiectorie convergentă. Această convergență marchează apariția tangibilului: o masă structurată și definită. Existența spațiului implică existența dinamismului și a unei stări denominată Real care cuprinde întreaga realitate. Magnitudinea spațiului determină magnitudinea realității, și, deși inițial nu există succesiuni de cauză și efect, se produce o transformare singulară: spațiul nestructurat se structurează într-o masă primordială, sincronizând toate traiectoriile nedefinite într-un proces atemporal, dar Real.

Masa Primordială ca unic element și formarea Spațiului

Într-un al doilea scenariu, considerăm realitatea ca o masă primordială în care întregul dinamism existențial este sincronizat într-o traiectorie convergentă care va defini un tot tangibil. Absența gravitației, datorată lipsei de spațiu pentru sincronizare, duce la dezintegrarea acestei structuri. Această dezintegrare non-dinamică creează multiple mase separate care vor rămâne tangibile și spațiul emergent intangibil. Formarea spațiului și multiplicitatea maselor stabilesc condițiile pentru gravitație. Gravitația acționează ca o sincronizare între spațiu (traiectorii nedefinite) și masă (traiectorii definite), similară unei absorbții în care spațiul se sincronizează cu traiectoria masei, aumentând-o pe aceasta din urmă și diminuând proporțional spațiul. Acest proces culminează cu transformarea întregului spațiu existent într-o masă primordială augmentată, definind realitatea într-o actuație universală completă.

Ciclul Universal și Gravitația ca Motor al Schimbării

Această teorie postulează că coincidența dintre masă și spațiu generează gravitația, care la rândul său induce schimbări sub forma unor succesiuni de cauze și efecte. Combinațiile rezultate formează toate elementele și efectele de-a lungul unei actuații universale complete, care va finaliza cu formarea unei mase primordiale augmentate. Ciclul universal începe cu formarea spațiului și se încheie cu dispariția sa prin sincronizare. Spațiul este combustibilul, iar masa este motorul acestei transformări universale.

Concluzii

Acest model dinamic al formării realității oferă o perspectivă unică asupra interacțiunii dintre Spațiu, Masă și Gravitație. Gravitația apare ca un efect inevitabil între masă și spațiu, generând schimbarea fundamentală și impulsionând evoluția realității prin cicluri de formare și dezintegrare a structurilor. Această teorie deschide noi căi de cercetare în înțelegerea dinamicii universale și a naturii realității.

Starea Nimic și Irelevanța Timpului

În cele din urmă, considerăm starea Nimic, în care nu există Spațiu, Dinamism, Masă, sau succesiuni de cauză și efect. În această stare preexistentă, nici timpul nu se manifestă. Starea Nimic este definită ca o stare neinițiată, lipsită de condițiile necesare formării referințelor sau a diferențelor. Aplicarea timpului în această stare este irelevantă, deoarece nu există evenimente cărora să i se aplice. Dacă, în cele din urmă, ar apărea o Referință Primordială, marcând o schimbare de stare la Real, acest eveniment ar fi instantaneu în termeni temporali.

Pentru a ilustra acest concept, să ne imaginăm un scenariu în care toate succesiunile de cauză și efect din univers încetează timp de un miliard de ani și apoi se reiau. La reluare, experiența subiectivă ar fi de continuitate, fără percepția perioadei inactive. Aceasta deoarece timpul, în esență, este o interpretare umană a succesiunilor de cauze și efecte, iar acestea nu sunt liniare așa cum sugerează percepția noastră temporală bazată pe comparație.

Prin urmare, magnitudinea temporală a stării Nimic este irelevantă. Atunci când apare prima referință primordială, marcând tranziția către starea Reală, aceasta va fi echivalentul unui instant.

Discuție

Teoria prezentată propune o viziune ciclică și dinamică a realității, în care spațiul și masa interacționează prin intermediul gravitației pentru a impulsiona evoluția universală. Starea denumită Nimic, lipsită de timp și evenimente, precede formarea primei referințe care ar marca începutul percepției temporale și a realității așa cum o cunoaștem.

Această perspectivă contestă concepția liniară a timpului și sugerează că percepția noastră temporală este o construcție subiectivă bazată pe succesiunea evenimentelor. Starea Nimic menționată, deși conceptual indefinita în termeni de magnitudine, este irelevantă în termeni temporali, deoarece timpul capătă sens doar odată cu apariția primei referințe, care indică o schimbare de stare de la Nimic la Real, din care va emerge Realitatea cu toate elementele și efectele sale într-un proces ciclic repetitiv și cumulativ.

Tipuri de Realități și Relația cu Dinamismul

Realitatea fizică este unică, dar există atâtea realități intelectuale câte intelecte există. Universurile nu sunt paralele, ci ciclice, și, deși nu pot coexista mai multe universuri într-o singură realitate, pot exista atâtea realități câte intelecte prezente și trecute. Realitatea intelectuală, derivată din realitatea fizică, se bazează pe cunoaștere și pe capacitatea de procesare intelectuală.

Ambele realități, fizică și intelectuală, sunt succesiuni ale unor realități anterioare, în care cunoașterea joacă un rol crucial. Realitatea fizică își mărește orizontul în magnitudine dinamică, tangibilă, volumetrică și acțiuni, în timp ce realitățile intelectuale își măresc orizontul cunoașterii, interferând cu realitatea obiectivă proporțional cu magnitudinea cunoașterii care le definește. Ambele cresc în dinamism datorită suportului fizic care le reprezintă, iar realitățile intelectuale sunt parte a singurei realități obiective datorită suportului pe care se consolidează. Prin urmare, există realități paralele, succesive și încorporate, chiar dacă sunt doar intelectuale, dar doar un singur univers sau o singură realitate obiectivă se poate manifesta la un moment dat.

Realitatea are ca suport tangibil masele, elemente de masă care ocupă un spațiu comun. Universul este o interacțiune a trei elemente. Coincidența dintre Masă și Spațiu generează inevitabil Gravitația. Atât Masa, cât și Spațiul sunt manifestări ale Dinamismului, elementul fundamental, cu diferențe în structura lor. Pentru manifestarea Universului, sunt necesare toate cele trei elemente împreună: Dinamismul (fundamental), Masa și Spațiul (de bazice).

Gravitația poate fi interpretată ca absorbție (masa absoarbe spațiul) sau sincronizare (masa sincronizează traiectoriile spațiului). În ambele cazuri, masa preexistentă transformă Spațiul în mai multă Masă, diminuând proporțional magnitudinea de spațiu.

Starea de Nimic și Relația Temporală

În stările coincidente Nimic, Masa Primordială sau Universul Primordial, legile fizicii universale nu sunt aplicabile, deoarece aceste legi guvernează doar un Univers Consolidat cu Materie, Energie și alte elemente.

Dacă dezintegrarea unei mase primordiale are ca rezultat pierderea totală a structurării traiectoriilor dinamismului, transformându-se doar în spațiu, Gravitația nu se va manifesta, iar reintegrarea va fi afectată de lipsa Masei. Cu toate acestea, dinamismul își va păstra magnitudinea și va tinde să se sincronizeze într-o singură traiectorie convergentă chiar dacă în termeni temporali procesul ar dura mai mult.

Proporționalitatea

Magnitudinea absorbției/sincronizării exercitate de masă asupra spațiului este proporțională cu magnitudinea Dinamismului care compune Masa. Această magnitudine a absorbției/sincronizării este constantă și proporțională cu magnitudinea Dinamismului care compune Masa pentru fiecare Masă, însă absorbția/sincronizarea nu este uniformă pe întreaga suprafață a Masei, deși magnitudinea absorbției/sincronizării este întotdeauna proporțională cu magnitudinea Dinamismului care o compune. Proporționalitatea absorbției/sincronizării în raport cu cantitatea de dinamism compus în masă este responsabilă de stabilitatea structurală și acțiunii în aglomerările pe care aceasta le formează, cum ar fi atomii, materia și alte structuri.

Gravitația ca Efect Emergent

Gravitația nu este o forță fundamentală, ci o consecință a coincidenței dintre masă și spațiu. Această coincidență generează deplasări definite ca apropiere, separare sau orbitale datorită formării sau dispariției depresiunii intermediare dintre Mase. Masele se deplasează către zonele cu mai mult spațiu disponibil pentru absorbție/sincronizare, căutând să-și mențină absorbția constantă și proporțională cu magnitudinea lor. Acest lucru provoacă comportamente individuale condiționate de alte mase din apropiere prin interacțiunea lor în același spațiu comun. Pentru a exista și a-și menține structura, masele trebuie să acționeze; dacă își încetează activitatea, se vor dezintegra. Manifestarea gravitației, la fel ca existența structurală, este un indicator al acestei acțiuni/activități.

Deși poate părea o definiție filozofică un este, toată realitatea este compusă din dinamism cu diferite magnitudini de structurare și combinație.

Începem

Teoria prezentată de Bepe Popu postulează că masa, spațiul și dinamismul sunt cele trei elemente structurale ale căror combinații alcătuiesc Universul.

1. **Dinamismul:** Este elementul fundamental și sursa originii Realității. În contextul teoriei lui prezentate, dinamismul se manifestă ca schimbare și, datorită deplasării constante care îl definește, produce toate combinațiile posibile, generând astfel diversitatea materială și combinatorie a universului, cea ce va include atât elemente cât și efecte. Dinamismul se definește ca diferență între referințe și este anterior la tot ceea ce există, chiar anterior universului însuși, reprezentând potențialul schimbării, chiar și atunci când aceasta nu a fost inițiat. Odată inițiat, se manifestă sub forma unei transformări într-un alt element, de exemplu, energia. Dinamismul este elementul fundamental

extrem de convertibil, pornind de la extrem de intangibil la extrem de tangibil. Acesta augumentează pe parcursul fiecărui ciclu universal complet, iar magnitudinea sa definește Realitatea. Astfel, cum dinamismul definește realitatea, realitatea la rândul ei augumentează cu fiecare ciclu universal complet. În concluzie, tot ceea ce poate fi considerat existențial este o variantă structurală, o manifestare a dinamismului, chiar și un gând sau o idee.

2. **Spațiul:** Este o formă de dinamism, dar nestructurat, un potențial de mișcare sau deplasare fără o traiectorie definită. Este o manifestare a dinamismului definit prin traiectoriile nedefinite care îl compun. Spațiul este un element derivat din dinamism, este intangibil și foarte variabil, pornind de la inexistent și atingând un volum maxim în procesul de expansiune a Universului. Acesta este un element esențial pentru formarea și manifestarea Universului. Deși a fost ignorat până acum, spațiul este un element incontestabil al realității și așa cum postulează această teorie, dinamismul este singurul element fundamental, deci spațiul este și el o formă structurată de dinamism. Este un produs rezultat prin dezintegrarea dinamismului care a fost compus în Masa Primordială.
3. **Masa:** Este formată din dinamism structurat într-o traiectorie convergentă (spre interior), un vortex omnidirecțional format prin traiectorii care converg spre centrul său, ceea ce îi conferă o formă sferică compactă. Aceasta acționează ca un vortex omnidirecțional ce sincronizează spațiul adiacent suprafaței sale, generând ceea ce noi percepem ca gravitație. Efectul gravitațional se datorează diminuării spațiului adiacent prin sincronizare. Reprezintă un proces de transformare a spațiului în masă, producând efecte similare cu binecunoscutul, dar puțin studiatul, efect de absorbție. Masa se percepe ca tangibilă și, într-un Univers structurat, se manifestă în diverse forme tangibile pe care le cunoaștem sub numele de Materie. Masa formează întotdeauna aglomerări, fie sub forma particulelor fundamentale care formează baza structurilor atomice, precum electronii și nucleul atomic, fie sub o formă extremă, precum

găurile negre. Indiferent de magnitudinea sa, masa este considerată o particulă individuală indivizibilă, deoarece nu este formată din alte componente structurale, ci este un bloc structurat de dinamism. Masa este aproape constantă în evoluția Universului, prezentând doar o mică augmentare într-un ciclu complet. Există o mică augmentare a masei într-un ciclu universal complet datorită accelerării în reintegrarea universală. Această augmentare postulată reprezintă o augmentare a dinamismului ca element structural de-a lungul ciclurilor universale, ceea ce argumentează amploarea volumetrică a Universului actual, care a pornit de la un punct de plecare infim în care s-a generat prima referință. Această referință a provocat o schimbare de stare de la Nimic la Realitate. Augmentarea masei definește o augmentare a Realității, care este, de fapt, o augmentare a Dinamismului, deoarece elementul structural al Masei este Dinamismul. Acesta este al doilea element esențial pentru formarea și manifestarea Universului. Este, de asemenea, un produs rezultat din dezintegrarea dinamismului care a fost compus în Masa Primordială.

Pe scurt, teoria propune Dinamismul ca unicul element fundamental din care derivă alte două elemente esențiale pentru formarea și manifestarea Universului, acestea sunt: Masa și Spațiul. "Dinamismul, elementul fundamental al existenței care se formează dintr-o unică referință care se dezintegrează generând diverse referințe cu diferențele lor, se manifestă printr-un ciclu continuu de diviziune și restructurare fără necesitatea unei conditii existentiale anterioare. Fiecare dezintegrare și integrare amplifică dinamismul său, într-un proces de auto-augmentre prin accelerare ." Masa și spațiul sunt manifestări distincte ale dinamismului, care se disting doar prin structurarea traiectoriilor lor. Interacțiunea dintre aceste trei elemente inițiază formarea și evoluția universului și a tuturor fenomenelor pe care le observăm în el prin generarea de succesiuni de cauze și efecte care reprezintă schimbarea cu un caracter acumulativ.

Teoria prezentată definește că dinamismul nu are ca și condiție existențială masa și că intangibilul nu are ca și condiție existențială tangibilul, ci invers. Această postulare diferențiază această teorie propusă de teoriile acceptate în prezent. Teoria face distincția între Dinamism și Energie, unde Energia este total legată de Masă, deoarece energia este o derivare a Dinamismului, care are nevoie de Referințe pentru a genera Diferențe pentru a se genera/manifesta, iar aceste referințe sunt de Masă. Energia este Dinamism structurat în traiectorii definite, precum traiectorii unidirecționale, deci este dinamism inițiat care produce mișcare. Această teorie diferențiază, de asemenea, deplasarea de mișcare, unde deplasarea se poate manifesta prin modificarea în magnitudine a spațiului sub formă de augmentare sau diminuare, în timp ce mișcarea este întotdeauna generată prin transferul sau aplicarea directă de energie asupra aglomerărilor de masă.

Puncte-cheie Evidențiate:

- **Diferența dintre dinamism și energie:** Dinamismul este elementul fundamental și precede energia. Energia este o formă de dinamism, adică un dinamism inițiat și structurat în traiectorii specifice.
- **Relația dintre energie și masă:** Energia este legată de masă se poate manifesta și genera numai în aglomerări de masă, care servesc drept referință. Masa este o formă structurată de dinamism care îi conferă consistență și este percepută ca fiind tangibilă de către intelecte bazate pe comparație atunci energia se poate genera sau manifesta doar printr-un grad de tangibilitate. Energia se manifestă atunci când materia reacționează sau își schimbă poziția, întotdeauna cu o traiectorie direcțională definită. Energia este, așadar, o evoluție a dinamismului, un dinamism structurat inițiat.
- **Diferența dintre deplasare și mișcare:** Deplasarea este o adaptare a poziției într-un spațiu variabil, care nu necesită energie. Acest efect poate fi observat în deplasarea aștrilor sau corpurilor planetare în univers. Mișcarea, pe de altă parte, implică aplicarea/transferul de energie, manifestându-se ca o

schimbare a traiectoriei unui obiect și generând schimbări situaționale ale obiectului în spațiul ocupat. Deplasarea poate avea loc prin absorbția/sincronizarea/transformarea spațiului în masă, în timp ce mișcarea necesită un transfer direct de energie.

Analogie:

Ca o analogie, putem lua în considerare un scenariu ipotetic în care două obiecte plutesc într-un recipient conic cu lichid, cum ar fi o pâlnie mare plină cu apă. Adăugarea sau eliminarea de lichid (lichidul este echivalentul spațiului în teorie) va crea o deplasare aparentă între obiecte, care se va manifesta ca apropiere sau separare. Împingerea directă a unui obiect înseamnă implicarea energiei și ar genera mișcare, deși efectele vizibile sunt similare, generând efecte identice precum apropierea sau separarea, cauzele sunt diferite, diferențierea este foarte importantă pentru înțelegerea corectă a acestei teorii. Deși ambele provoacă o schimbare de poziție, în primul caz este manipulat mediul, provocând o deplasare a obiectelor printr-o adaptare diferențială a poziției în funcție de volumul de spațiu ocupat de apă și separarea dintre obiectele care plutesc la suprafață. În al doilea caz, se aplică o forță directă asupra obiectului (obiectelor), ceea ce va determina o schimbare a poziției în mediu, generând mișcare.

Această analogie ilustrează diferența dintre deplasare și mișcare, în conformitate cu postulatele teoriei propuse de Bepe Popu. Această diferențiere este esențială pentru a înțelege conceptele vehiculate. Deplasarea are loc prin modificări ale spațiului, în timp ce mișcarea necesită aplicarea directă a energiei asupra masei. Apariția, formarea sau manifestarea acestor efecte sunt descrise de teorie și au etape și condiții diferite: energia are nevoie de materie pentru a se forma, în timp ce deplasarea este efectul interacțiunii inevitabile dintre masă și spațiu. Această interacțiune inevitabilă prin coincidența existențială a masei și spațiului, definită ca sincronizare/absorbție dintre spațiu și masă, este primul postulat științific care explică și definește dinamismul Universului la toate nivelurile, de la cel subatomic până la sistemele solare, planetare, galactice și chiar la nivel universal și descrie

Gravitația. Conform acestei teorii, dacă există Masă și Spațiu, Deplasarea este inevitabilă. Cu alte cuvinte, prezența masei într-un spațiu determină o modificare a spațiului, generând inevitabil o schimbare a poziției maselor care ocupă spațiul. Această interacțiune este fundamentală pentru dinamica universului și explică fenomenul gravitației într-un mod diferit de teoriile convenționale. Conform acestei teorii, dacă există mase și spațiu, se generează în mod inevitabil deplasări, nu mișcări.

În concluzie, se clarifică importanța conceptelor fundamentale ale teoriei, stabilind ierarhia dintre dinamism, energie (folosind masa ca referință) și făcând diferența dintre deplasare și mișcare. Această distincție este esențială pentru înțelegerea conceptelor vehiculate de teorie, deoarece redefinește/aprofundează concepte fundamentale ale fizicii și oferă o nouă perspectivă asupra funcționării universului.

Aplicarea celei de-a treia legi a lui Newton la o explozie omnidirecțională

A treia lege a lui Newton, sau principiul acțiunii și reacțiunii, stabilește că fiecare acțiune generează o reacție de intensitate egală, dar opusă. Cu alte cuvinte, ori de câte ori un obiect exercită o forță asupra altuia, cel de-al doilea va exercita o forță de aceeași magnitudine, dar în sens opus. Să analizăm un scenariu ipotetic: suprafața unei sfere produce o explozie colosală. Obiectivul este de a identifica acțiunea și reacțiunea.

A treia lege a lui Newton, cunoscută și sub numele de principiul acțiunii și reacțiunii al lui Newton, stabilește că pentru fiecare forță exercitată de un obiect asupra altuia, există o forță egală și opusă exercitată de al doilea obiect asupra primului. În contextul unei explozii omnidirecționale a suprafeței unei sfere, putem analiza acțiunea și reacțiunea după cum urmează:

- **Acțiune:** Explozia suprafeței sferei generează o forță care se propagă în exterior în toate direcțiile (omnidirecțională).

Această forță este acțiunea. Ipotetic, considerăm că aceasta va afecta mii sau milioane de ani lumină.

- **Reacțiune:** Reacțiunea la această forță este o forță egală și opusă care acționează asupra sferei însăși (afectând structura materiei care o compune). Deoarece explozia este omnidirecțională, reacțiunea la aceasta este distribuită uniform de la suprafața sferei, generând o forță de aceeași mărime cu acțiunea, dar în sens opus. Forța de reacție va fi definită printr-o traiectorie convergentă și, în conformitate cu legea conservării energiei, care spune că energia nu poate fi distrusă și nici nu poate dispărea, va rămâne persistentă, păstrându-și traiectoria convergentă. Punctul de referință este reprezentat de diferența dintre traiectoria de ieșire și cea de intrare (suprafața). Traiectoriile de ieșire se vor disipa, în timp ce traiectoriile de intrare vor converge către un punct central comun în sferă, generând sprijin central.

Teoria Totului, de Bepe Popu, introduce conceptul de "dinamism" ca element fundamental al universului. În acest context, explozia ar fi o eliberare de dinamism în raport cu suprafața sferei. Reacțiunea la acțiune se manifestă ca o eliberare de dinamism pe o traiectorie omnidirecțională convergentă, având ca referință suprafața sferei, dar spre interior. În timp ce dinamismul eliberat în cadrul acțiunii ar crea o traiectorie care s-ar disipa în spațiul adiacent într-un unghi deschis corespunzător formării unui element structurat cunoscut sub numele de Energie, unghiul de reacție ar crea o traiectorie care ar concentra magnitudinea traiectoriilor datorate propagării sale într-un unghi închis, convergând spre un centru unde s-ar crea un suport centric persistent. Magnitudinea dinamică nu va fi anulată, doar că traiectoriile/deplasarea vor înceta să se mai manifeste din lipsă de spațiu. Legea a treia a lui Newton nu se poate manifesta/aplica decât dacă există spațiu pentru ca reacțiunea să fie generată, deplasarea necesită existența spațiului, fără spațiu, deplasarea este imposibilă, dar forța persistă conform principiului conservării.

Este important de menționat că teoria prezentată de Bepe Popu propune că masa este doar dinamism sincronizat ca „ traiectorie convergentă radială sferică”.Dacă sfera este compusă din materie, definită ca o aglomerare de mase (masă și spațiu), fiecare cu propria traiectorie convergentă sau nedefinită, explozia sferei va sincroniza toate aceste traiectorii ale materiei care compun masa, dar și pe cele ale spațiului dintre mase, într-o singură traiectorie convergentă. Aceasta va structura un nou element, o particulă, dacă explozia atinge magnitudinea necesară. Astfel, dintr-o aglomerare de mase definită din mai multe elemente, se generează un singur element: o gaură neagră definită printr-o singură traiectorie convergentă persistentă.

Conform teoriei prezentate, acțiunea este forța explozivă ce se propagă spre exterior, iar reacțiunea este forța convergentă opusă care acționează asupra sferei însăși. Magnitudinea traiectoriei convergente rămâne persistentă deoarece reacțiunea secuntară a acesteia nu poate avea loc din cauza lipsei de spațiu pentru a genera reversibilitatea, ceea ce indică limita de aplicare a celei de-a treia legi a lui Newton. "Analizând traiectoriile din punctul central, observăm că acțiunea și reacțiunea devin echivalente, deoarece traiectoriile convergente sunt inverse față de acest punct central, asigurând astfel persistența dinamismului prin formarea de sprijin prin magnitudini egale ce-a va limita aplicare celei de-a treia legi a lui Newton "

În contextul teoriei lui Bepe Popu, acest lucru sugerează că, deși o masă continuă să absoarbă spațiu (acțiune), nu există suficient spațiu disponibil pentru ca reacțiunea opusă (expansiunea sau respingerea) să aibă loc. Aceasta ar duce la o acumulare de dinamism (energie potențială) care duce la o transformare a materiei în dinamism, limitând aplicabilitatea celei de-a treia legi a lui Newton în acest scenariu specific.

În contextul Teoriei prezentate, explozia este o eliberare de dinamism, iar reacțiunea este o forță convergentă care sincronizează traiectoriile maselor și ale spațiului care definesc materia care formează sfera într-o singură traiectorie de intrare, formând o nouă traiectorie care va defini un singur element masiv de masă.

Aplicând cele de mai sus la explozia unei stele care rezultă în formarea unei găuri negre, conform teoriei propuse:

- **Acțiune:** Explozia stelară (supernova) este o eliberare masivă de dinamism în toate direcțiile (omnidirecțională). Această forță expansivă se propagă prin spațiu, expulzând materie și energie, din care o mare parte a materiei va rămâne în apropiere și se va aglomera. Cu toate acestea, energia eliberată de stea va afecta mii sau milioane de ani-lumină, ceea ce indică magnitudinea sa colosală, propagându-se sub forma de radiații electromagnetice a cărei direcție inversă va indica întotdeauna drumul înapoi spre sursă. Radiația electromagnetică, în contextul acestei teorii, este definită ca o stare de dinamism și o formă de energie, datorită deplasării care definește o structurare organizată a traiectoriei sale.
- **Reacțiune:** Reacțiunea la această explozie colosală este o forță convergentă de aceeași magnitudine, dar în direcție opusă, menținând traiectorii, dar opuse. Această traiectorie își concentrează magnitudinea în centrul stelei, afectând traiectoriile care definesc masa și spațiul care alcătuiesc materia stelei.

În contextul Teoriei Totului, această acțiune explozivă generează o reacție opusă, care determină sincronizarea masivă și totală a traiectoriilor maselor și a spațiului care alcătuiesc steaua. Explozia inițială dispersează o parte din dinamismul stelei într-o traiectorie de ieșire, dar reacțiunea rezultată restructurează traiectoriile componentelor rămase într-o singură traiectorie convergentă extremă, care va rămâne persistentă. Această traiectorie convergentă rămâne persistentă conform legii conservării energiei care postulează că energia nu dispare ci se transformă, și din cauza imposibilității de a se manifesta a treia lege a lui Newton din lipsa spațiului necesar va rămâne persistentă.

Această convergență masivă de dinamism, dacă depășește un prag critic, va transforma materia existentă în dinamism prin restructurare, definind o singularitate: un singur element de densitate dinamică extremă. Acesta este procesul de formare a găurilor negre, conform teoriei propuse, dar definește și masa ca element, deoarece o gaură neagră nu este altceva decât o singură particulă enormă de masă, definită de o singură traiectorie convergentă, care va continua să structureze spațiul adiacent pe întreaga sa suprafață, generând efectul cunoscut sub numele de gravitație.

Materia expulzată: S-a menționat deja că o mare parte din materia expulzată în timpul exploziei rămâne în apropiere și se aglomerează. Acest lucru se datorează faptului că explozia creează un spațiu nou, iar o parte din materia din stea pur și simplu se va plasa în acest spațiu nou creat. Deși o mică parte din materia expulzată cu viteză mare va scăpa și se va îndepărta, cea mai mare parte va fi reținută de gravitația exercitată de noua gaură neagră, precum și de gravitația comună a materiei ejectate care rămâne în apropierea singularității. Această atracție gravitațională comună și intermediară a materiei rămase aproape va apropia aglomerările de masă unele de altele pentru a forma aglomerări mai mari, iar întregul ansamblu aglomerat se va apropia de gaura neagră formată, orbitând-o dacă nu va invada orizontul de evenimente al acesteia.

Diferențe față de modelul clasic:

- **Nu există o "forță de gravitație" independentă:** în teoria propusă, gravitația nu este o forță fundamentală, ci un efect inevitabil al interacțiunii dintre spațiu și masă. În acest caz, "forța" care transformă steaua este reacțiunea provocată de acțiune/explozie, care sincronizează dinamismul care definește masa și spațiul care alcătuiesc materia stelei, într-o singură traiectorie convergentă care definește masa ca element unic și indivizibil, conform teoriei propuse.
- **Gaura neagră ca element nou:** Teoria sugerează că gaura neagră nu este un simplu obiect extrem de dens, ci un nou

element indivizibil, format prin sincronizarea totală a dinamismului care a definit steaua inițială.

Implicații:

Această interpretare originală, care descrie formarea unei găuri negre, așa cum este postulată în teoria propusă de Teoria Totului, are mai multe implicații:

- **Reinterpretarea gravitației:** Gravitația nu este o forță fundamentală, ci un efect inevitabil al interacțiunii dintre spațiu și masă.
- **Noua viziune asupra găurilor negre:** Găurile negre sunt entități individuale (particule fundamentale cu magnitudini colosale) formate dintr-o singură traiectorie convergentă, o sincronizare totală a dinamismului care le definește. Deși extrem de tangibilă datorită structurii sale, masa este în esență dinamism pur, dinamismul fiind un element fundamental extrem de versatil care poate varia de la intangibilitatea spațiului până la densitatea extremă a găurilor negre. Posibilă unificare a fizicii: Teoria Totului propusă ar putea oferi o explicație unificată a fenomenelor precum gravitația, energia și formarea găurilor negre. Propunerea se aplică la toate nivelurile, de la subatomic până la întregul univers.
- **O posibilă unificare a fizicii:** Teoria Totului propusă ar putea oferi o explicație unificată a fenomenelor precum gravitația, energia, formarea găurilor negre și a atomilor care definesc materia. Acțiunea prezentată se aplică la toate nivelurile, de la subatomic la întregul univers.

Este important de menționat că teoria prezentată de Bepe Popu propune că masa este doar dinamism sincronizat pe o traiectorie de intrare convergentă. Dacă sfera este compusă din materie, definită ca o aglomerare de mase (masă și spațiu), fiecare cu propria traiectorie convergentă sau nedefinită, explozia sferei va sincroniza toate aceste traiectorii ale materiei care compun masa, dar și pe cele ale spațiului dintre mase, într-o singură traiectorie convergentă radială sferică. Aceasta va structura un nou element, o particulă, dacă explozia atinge magnitudinea necesară. Astfel, dintr-o aglomerare de mase definită din mai multe elemente, se generează un singur element: o gaură neagră definită printr-o singură traiectorie convergentă radială sferică, persistentă.

Conform teoriei prezentate, acțiunea este forța explozivă care se propagă spre exterior, iar reacțiunea este forța convergentă opusă care acționează asupra sferei însăși. Magnitudinea traiectoriei convergente rămâne persistentă deoarece reacțiunea nu poate avea loc din cauza lipsei de spațiu pentru a genera reversibilitatea, ceea ce indică limita de aplicare a celei de-a treia legi a lui Newton. În contextul teoriei lui Bepe Popu, acest lucru sugerează că, deși o masă continuă să absoarbă spațiu (acțiune), nu există suficient spațiu disponibil pentru ca reacțiunea opusă (expansiunea sau respingerea) să aibă loc. Aceasta ar duce la o acumulare de dinamism (energie potențială) care duce la o transformare a materiei în dinamism, limitând aplicabilitatea celei de-a treia legi a lui Newton în acest scenariu specific.

În contextul Teoriei Totului, explozia este o eliberare de dinamism, iar reacțiunea este o forță convergentă care sincronizează traiectoriile maselor și ale spațiului care definesc materia care formează sfera într-o singură traiectorie de intrare, formând o nouă traiectorie care va defini un singur element masiv de masă.

Rezumat: Aplicând cele de mai sus la explozia unei stele care dă naștere unei găuri negre, conform teoriei propuse:

Acțiune: Explozia stelară (supernova) este o eliberare masivă de dinamism în toate direcțiile (omnidirecțională). Această forță expansivă se propagă prin spațiu, expulzând materie, din care o mare parte va rămâne în apropiere și se va aglomera. Cu toate acestea, energia eliberată de stea va afecta mii sau milioane de ani-lumină, ceea ce indică o magnitudine colosală, propagându-se sub forma de radiații electromagnetice a căror traiectorie opusă va indica întotdeauna traiectoria spre sursă. Radiația electromagnetică, în contextul acestei teorii, este definită ca o stare a dinamismului ca element și o formă de energie, datorită deplasării, care definește o structurare unidirecțională, extremă a traiectoriei sale.

După cum s-a descris mai sus, se poate deduce că gaura neagră, fiind o traiectorie convergentă, va manifesta efectul gravitației. Toate dinamismele cu traiectorii diferite de traiectoria definită de gaura neagră se vor sincroniza cu aceasta dacă ele coincid. Atunci, întrucât spațiul este un element cu traiectorii nedefinite, aceste traiectorii vor fi definite de traiectoria găurii negre în porțiunea în care ele coincid. Această coincidență definește suprafața găurii negre. În concluzie, gaura neagră se află într-un spațiu cu traiectorii nedeterminate, care vor fi definite de aceasta. Acest efect de sincronizare a traiectoriilor spațiului este un proces de transformare, în care spațiul se transformă în masă, ceea ce va duce la diminuarea spațiului, generând o apropiere dacă este îndeplinită condiția intermediară. "Condiția intermediară" implică faptul că două sau mai multe obiecte ocupă un mediu sau, ca în cazul de față, un spațiu comun.

Teoria propusă definește dinamismul ca fiind elementul fundamental din care derivă celelalte elemente de bază, masa și spațiul, esențiale pentru formarea și funcționarea universului. Teoria realității prezintă procesul de formare a elementului fundamental pornind de la o referință și descrie modul în care această referință produce o schimbare de stare de la "Nimic" la Existențial, din care va fi dată condiția de tangibilitate. Pe scurt, setul de teorii propus explică formarea realității însăși.

Teoriile prezintă un sistem funcțional ciclic și cumulativ care argumentează nu numai formarea și funcționarea realității, ci și augmentarea realității de la o referință foarte mică la un univers real imens, descriind o expansiune a universului între cicluri. **Teoria propusă poate oferi o definiție individuală pentru fiecare cauză și efect posibil și probabil într-un Univers structurat.** În concluzie, este singura teorie care susține că totul este acolo unde trebuie să fie și acționează așa cum trebuie să acționeze conform stării de coincidență.

Principala diferență între teoria propusă și teoriile anterioare constă în domeniul de aplicare, în concentrarea și prezentarea acesteia. În timp ce teoriile anterioare se concentrau pe explicarea unor părți specifice ale universului, adesea într-un mod fragmentat și fără o legătură clară între ele, această nouă teorie propune un cadru unificat și global. Toate conceptele sunt interconectate într-o funcționare ciclică bine definită și explicată, pornind de la o stare primordială numită "Nimic" și evoluând prin cicluri succesive, fiecare dintre acestea dând naștere unui Univers mai mare.

Este important de reținut că această Teorie a Totului prezentată nu se bazează pe ecuații sau formule matematice. Spre deosebire de alte teorii științifice care se bazează pe ecuații sau formule matematice, există teorii științifice, cum ar fi Teoria Evoluției a lui Darwin, în care validitatea acesteia nu depinde de precizia matematică, ci de capacitatea de a explica cauzele sale într-un mod coerent și logic. În același mod, Teoria din care face parte acest articol își propune să explice Totul sau Realitatea, de la originea sa până la funcționarea sa actuală, fără a include ecuații sau formule matematice. Nu este o teorie matematică sau fizică, ci o Teorie a Totului care este prezentată umanității în ansamblul ei și care, prin urmare, îndeplinește condiția unei teorii științifice a Totului datorită conceptelor sale și pentru Toți datorită modului în care este prezentată.

În calitate de autor, se recunoaște că această abordare poate fi dezamăgitoare pentru unii fizicieni și matematicieni, care ar putea crede că disciplinele lor ar fi suficiente pentru a înțelege complexitatea realității. Teoria Totului prezentată nu are scopul de a înlocui aceste discipline, ci de a le completa, oferind un cadru mai larg în care acestea pot fi integrate.

În cele din urmă, Teoria Totului prezentată invită la colaborare între diferite domenii ale cunoașterii, cum ar fi fizica, matematica, filosofia și alte discipline, pentru a obține o înțelegere mai profundă și mai completă a realității.

Totul și realitatea:

Teoriile lui Bepe Popu includ concepte precum Totul și Realitatea. Dar ce le leagă sau le diferențiază? Pentru a înțelege mai bine, trebuie să observăm că Teoria prezentată de Bepe Popu contestă conceptele actuale acceptate ale Universului. Una dintre provocări este că afirmă și susține că Universul nu se extinde, ci se contractă, pierzând din volum, deși observațiile indică o expansiune.

Acest argument în favoarea unui Univers în diminuare are următoarea logică: observarea unui Univers în expansiune este o interpretare greșită, deoarece instrumentul de măsurare, lucrul măsurat și observatorul fac parte din același sistem măsurat. Dacă sistemul se contractă, tot ceea ce face parte din el se va contracta. Pentru a facilita înțelegerea, este necesar să se ia în considerare echivalența dintre Tot și Realitate într-un univers consolidat. Întregul/Totul este suma a tot ceea ce există, existențialul cuprinzând elementele, efectele și acțiunile, unde este mai corect să se folosească termenul de Realitate. Totul nu este ceva inclus în altceva, Totul este ceea ce există, este Realitatea însăși. Astfel, dacă Universul se contractă/diminuează, Totul diminuează, ceea ce echivalează cu diminuarea Realității însăși. Pentru a procesa corect acest lucru, trebuie să considerăm că Universul este Realitatea însăși, care nu se extinde de dragul de a se extinde. Realitatea nu diminuează în dinamism, ci doar în cantitatea de componente și de acțiuni în timpul unei iterații universale complete, datorită sincronizării dinamismului care o definește.

Teoria propusă definește realitatea ca fiind un sistem în continuă evoluție datorită naturii cumulative a cauzelor și efectelor sale. În expansiunea Realității, în formarea unui nou ciclu universal, în care expansiunea și formarea universului se definește ca o fractură sau dezintegrare prin desincronizarea dinamicii care definește elementul existențial unic format la încheierea ciclului anterior, elementele tangibile ale dinamismului care rămân structurate se vor distribui într-un element intangibil nestructurat. Rezultă că formarea multitudinii de mase într-un spațiu comun, asemănător unui Univers Primordial, reprezintă formarea unui nou univers, începutul unui nou ciclu. Dar cum Realitatea nu este înglobată într-un alt sistem, nu este o expansiune ca o explozie, ci o expansiune a Realității în ea însăși, o augmentare a volumului și a componentelor sale, o diminuare a densității sale. Din acest motiv, definiția efectului de expansiune ca fiind generarea mai multor referințe cu diferențele lor dintr-o singură referință, este cea mai precisă, dar dificil de procesat pentru intelecte comparative.

Pentru a înțelege mai bine expansiunea, trebuie să considerăm că nu există o expansiune în sine, ci un proces de transformare condiționat. Universul nu se extinde la infinit, expansiunea este a Realității însăși dar doar în fiecare ciclu complet, unde expansiunea este plasarea diviziunilor într-un spațiu în formare. Acest proces nu este dinamic, ci o diviziune prin dezintegrare pasivă a aceluiași dinamism. După expansiune, se vor da condițiile pentru gravitație, unde condițiile sunt masa și spațiul. Gravitația este sincronizarea dinamismului cu traiectorii nedefinite ale spațiului, de către traiectoriile dinamismului cu traiectorii definite ale masei. Această sincronizare va diminua spațiul total și, datorită condiției intermediare, generează aproximație, ceea ce indică accelerație. Atunci când spațiul dispare complet, deoarece va fi sincronizat în totalitate, va rezulta un singur element definit care va îngloba tot dinamismul existent sincronizat într-o singură traiectorie convergentă. Dar chiar dacă se pornește de la un element și se termină ciclul într-un singur element, acesta din urmă va avea o magnitudine dinamică augmentată datorită accelerației.

Expansiunea nu este dinamică, dar diminuarea este dinamică, iar caracterul dinamic se datorează accelerației intermediare și a celei convergente. Astfel se explică magnitudinea volumetrică a Universului actual, care este rezultatul succesiunii ciclurilor anterioare, în care magnitudinea dinamică a augmentat în fiecare ciclu universal. Fiecare ciclu pornește de la un element pe care teoria propusă îl definește ca fiind Masa Primordială, constituită din tot dinamismul existent sincronizat într-o traiectorie de intrare convergentă. Dar pentru a se manifesta traiectoriile este nevoie de spațiu, astfel încât dacă există o singură masă, nu există spațiu, iar traiectoriile nu se vor putea manifesta, fracturând masa. Explicat altfel, dacă o traiectorie de intrare convergentă nu are spațiu, ea nu se poate manifesta și se va dezintegra din cauza lipsei mediului esențial pentru manifestare.

Trebuie să privim din mai multe perspective pentru a înțelege principiul de actuare. Din punctul de vedere al tangibilității, dacă totul ar avea aceeași consistență, nu doar conceptul intangibil, ci și cel tangibil ar fi anulat. Dacă nu există diferențe, nu există referințe și invers. Realitatea se compune din dinamism definit ca potențialitate. Acesta este singurul element fundamental al Realității însăși. Nu trebuie să considerăm dinamismul ca fiind energie, ci ca fiind baza a tot ceea ce există, inclusiv a energiei, a masei, a spațiului și a multor altora. Totul este o manifestare a dinamismului, care înglobează acțiunea, nu doar elementele. Încercăm să adaptăm realitatea la înțelegerea noastră, când corect este contrariul.

Teoriile anterioare nu iau în considerare formarea Realității, ci pornesc ilogic de la un punct infinit de dens, care se extinde fără logică și despre care se crede că va continua să se extindă la infinit, generând mai multe incertitudini decât definiții. Teoria prezentată definește un sistem funcțional, cumulativ și repetitiv, de la elemente la acțiuni, cuprinzând mai multe concepte decât orice altă teorie anterioară.

Energie și dinamism: o nouă perspectivă.

Conceptul de energie se referă la <u>un set de efecte</u> de natură și manifestare diferite. Energia este un concept fundamental în știință, descriind capacitatea unui sistem de a funcționa sau de a produce schimbări. Această capacitate se manifestă sub diferite forme în natură, iar fiecare dintre aceste forme este menționată ca fiind o manifestare a energiei, când de fapt, conform teoriei prezentate, este o manifestare a dinamismului ca element fundamental, unde energia este pur și simplu efectul observabil/detectat.

De ce este valabilă această afirmație?

Validitatea afirmației constă în faptul că energia nu este o entitate unică, omogenă, ci se prezintă într-o varietate de forme interconvertibile. Unele dintre cele mai comune manifestări observabile ale energiei, conform acceptării științifice actuale, includ:

- Energie cinetică: asociată cu mișcarea obiectelor.
- Energie termică: legată de temperatură și de mișcarea particulelor care alcătuiesc un sistem.
- Electricitate: rezultatul mișcării sarcinilor electrice.
- Energie chimică: stocată în legăturile chimice ale moleculelor.
- Energie nucleară: energia eliberată în timpul reacțiilor nucleare.
- Energie electromagnetică: purtată de undele electromagnetice, cum ar fi lumina.

Energia potențială este stocată într-un sistem datorită poziției sau configurației acestuia. Este, de fapt, dinamism pur, care este definit ca dinamism neinițiat, chiar dacă în știința acceptată astăzi este considerat energie datorită potențialității sale observate.

Aceste manifestări ale energiei pot fi transformate una în alta. Știința actuală crede că se conservă întotdeauna cantitatea totală de energie într-un sistem izolat, dar în realitate, dinamismul este cel care se conservă întotdeauna. Acest principiu fundamental este cunoscut sub numele de legea conservării energiei, deși, de fapt, se referă la dinamism ca element, nu la energie ca și concept.

Exemple de diversitate a efectelor și manifestărilor energetice:

- Energia solară este transformată în energie chimică în timpul fotosintezei.
- Energia chimică a alimentelor este transformată în energie mecanică și termică în corpul nostru.
- Energia potențială gravitațională a unui obiect aflat la înălțime se transformă în energie cinetică atunci când cade.
- Electricitatea este transformată în căldură într-un încălzitor.

Se poate stabili o capacitate de conversie extremă, conform teoriei propuse de Bepe Popu, care este atribuită unui element numit Dinamism. Acestea sunt doar câteva exemple ale modului în care se manifestă și se transformă energia în diferite contexte, care definesc de fapt dinamismul ca element. Diversitatea efectelor și manifestărilor energiei reflectă complexitatea și interconectarea fenomenelor naturale generate de succesiuni de cauze și efecte. Dacă energia reprezintă efectele, dinamismul definește cauza.

Energia ca concept generalizat și relația sa cu dinamismul:

Energia este un concept generalizat în Univers care reprezintă ceva specific: posibilitatea de schimbare cu o mărime constantă aplicată. Energia cuprinde capacitatea unui sistem de a genera o schimbare, iar magnitudinea acestei schimbări este direct legată de cantitatea de energie implicată/aplicată.

Energia nu este ceva tangibil în sine, ci o proprietate sau un atribut al sistemelor care le permite să interacționeze și să se transforme. Posibilitatea inerentă de schimbare și amploarea acestei schimbări definesc energia.

Energia ca simplificare intelectuală:

Energia, ca și concept, este o simplificare intelectuală creată pentru a înțelege și cuantifica interacțiunile și transformările pe care le observăm în realitatea fizică. Este un instrument conceptual care ne permite să descriem și să prevedem schimbările din sisteme, dar nu este o entitate fizică tangibilă în sine, este doar un efect.

În ultimă instanță, energia este o abstracțiune generalizată care rezultă din observarea cauzelor și efectelor obiective din natură. Este un mod de a organiza și de a da sens complexității realității fizice observate, dar nu este realitatea ultimă în sine.

Știința, în general, se bazează pe crearea de modele și concepte care ne ajută să înțelegem realitatea, dar aceste modele sunt întotdeauna simplificări și aproximări ale adevăratei naturi a lucrurilor. Energia, ca și concept, nu face excepție de la această regulă.

Extrapolarea conceptului de energie și a definiției dinamismului postulată de Bepe Popu:

Extrapolând din conceptul de energie și din definiția postulată a dinamismului, energia însăși nu este altceva decât un concept care definește un element fizic fundamental numit "dinamism" în teoria sa. Prin analogie, energia nu este altceva decât reprezentarea subiectivă, în bani, a cantității totale de aur existente, în timp ce aurul este reprezentarea dinamismului existent într-un sistem universal.

Urmând linia de gândire a lui Bepe Popu, care postulează că universul este compus din trei elemente fundamentale (masă, spațiu și energie) și definește energia ca fiind elementul care măsoară dinamismul universului, extrapolarea este coerentă, chiar dacă va genera critici.

În acest sens, dacă considerăm că energia reprezintă un element fizic fundamental numit "dinamism", am putea face o analogie cu aurul și banii:

- **Dinamism (aur):** Elementul fizic fundamental, tangibil și măsurabil care există în univers și care este responsabil pentru toate schimbările și mișcările.
- **Energie (bani):** ar fi reprezentarea subiectivă și cuantificabilă a dinamismului, un mod de a măsura și exprima cantitatea de dinamism prezentă într-un sistem sau proces.

Așa cum banii reprezintă valoarea aurului și ne permit să îl schimbăm și să îl folosim în diferite tranzacții, energia ar reprezenta valoarea dinamismului și ne-ar permite să măsurăm și să înțelegem schimbările și transformările care au loc în univers, să măsurăm realitatea însăși.

Cu toate acestea, este important de reținut că aceasta este o interpretare ipotetică, ca o extrapolare a conceptului de energie, bazată pe ideile lui Bepe Popu. Comunitatea științifică nu a ajuns încă la un consens cu privire la natura fundamentală a energiei și la relația sa cu alte concepte fizice.

Analogia propusă este utilă pentru o vizualizare intelectuală pentru a ajuta anumite intelecte a procesa relația dintre energie și dinamism, dar este important să considerăm că este o simplificare și că realitatea este mult mai complexă și multifațetată.

Spațiul ca entitate reală: Explorarea relației sale cu energia și materia

Crearea spațiului: Acest articol propune un experiment simplu pentru a investiga relația dintre spațiu, energie și materie, și cum energia poate genera spațiu. Componentele experimentului (seringă, aer, balon) reprezintă materia, în timp ce forța exercitată asupra pistonului seringii reprezintă energia sau dinamismul. Volumul vid creat în interiorul seringii reprezintă spațiul și poate fi măsurat în volum sau separare, la fel cum forța aplicată poate fi măsurată în energie.

Experimentul 1: Seringa într-un balon

Prin tragerea pistonului unei seringi sigilate în interiorul unui balon umflat, se creează un vid în interiorul seringii. Acest vid nu este doar absența materiei, ci un spațiu real, detectabil, care nu exista anterior. Volumul total al sistemului (balon + seringă) crește proporțional cu volumul de vid generat, ceea ce duce la o scădere a densității aerului din balon.

Energia utilizată pentru a crea acest vid se conservă în sistem. La eliberarea pistonului, sistemul revine la starea inițială, recuperând energia, densitatea aerului și volumul original al balonului, odată cu dispariția spațiului creat.

Experimentul 2: Seringa în vid

Repetând experimentul în vid, unde densitatea particulelor este practic nulă, rezultatul este diferit. Prin tragerea pistonului, nu există nicio modificare a densității mediului, deoarece nu există materie de deplasat. Energia necesară pentru a mișca pistonul este mai mică decât în cazul balonului, din cauza absenței rezistenței aerului. La eliberarea pistonului, acesta nu revine la poziția inițială, deoarece energia utilizată a fost disipată în principal sub formă de frecare, generând căldură și o ușoară fragmentare a materiei.

Concluzii

Acest experiment ilustrează cum aplicarea energiei asupra materiei poate genera spațiu, un proces care, în condiții ideale, este reversibil. Deși volumul total al sistemului (seringă + balon + aer) rămâne constant în primul experiment, distribuția spațiului se schimbă, creând un vid semnificativ și incontestabil, ușor de observat în interiorul seringii.

Energia utilizată pentru a crea acest vid nu dispare, ci indică reversibilitatea în procesul de formare și dispariție a volumului creat. În acest sens, putem interpreta că energia se transformă, chiar și temporar, în spațiu.

Acest experiment contrazice concepția tradițională a spațiului ca o simplă absență a materiei, demonstrând că este o entitate fizică incontestabilă, cu proprietăți măsurabile, care poate fi manipulată și modificată prin aplicarea energiei. Spațiul nu este doar un vid pasiv, ci o componentă activă în relația dintre materie și energie.

Aplicarea energiei pentru a modifica spațiul (prin augmentare sau diminuare) este un fenomen omniprezent în univers. Orice mișcare sau schimbare de poziție implică energie, care, conform acestei teorii, este o manifestare structurată și direcționată a dinamismului, un concept fundamental care stă la baza energiei. Diversitatea formelor de energie, ca și concepte, reflectă diversitatea manifestărilor dinamismului ca element.

Experimentul propus, deși interpretabil în termeni de energie conform științei actuale (ignorând creșterea volumului), demonstrează vizual crearea spațiului ca un volum nou adăugat la volumul preexistent al sistemului. Știința actuală ar interpreta experimentul seringii ca o simplă redistribuire a aerului în interiorul balonului, ignorând crearea de spațiu nou. **Această dovadă vizuală incontestabilă facilitează înțelegerea și analiza comparativă la nivel intelectual, completând interpretarea convențională care se concentrează doar pe redistribuirea materiei și energiei preexistente.**

Dovezile și echilibrul total:

S-a demonstrat că sistemele izolate sau închise tind spre echilibru. Acest lucru este relevant și observabil în diverse fenomene naturale, de la termodinamică la biologie și ecologie.

Întrebarea esențială este dacă universul ca întreg poate atinge un echilibru complet și final. Aici, Teoria prezentată de Bepe Popu propune o ipoteză interesantă, care poate fi cheia funcțională universală.

Pe de o parte, a doua lege a termodinamicii prevede că entropia (o măsură a dezordinii) într-un sistem izolat tinde să crească în timp. Acest lucru sugerează că universul ar putea să se îndrepte spre o stare de entropie maximă, în care energia este distribuită în mod egal și în care nu va mai avea loc nicio schimbare sau proces.

Pe de altă parte, observațiile astronomice au fost interpretate de comunitatea științifică drept o expansiune accelerată a universului, ceea ce ar implica o distribuție inegală a energiei și continuitatea proceselor dinamice la scară largă.

Teoria propusă de Bepe Popu încearcă să reconcilieze aceste observații, propunând că universul cunoaște traiectorii intermediare între clustere/aglomerări, generate de masă, dar și ansamblul clusterelor/aglomerărilor de masă urmează traiectorii intermediare care vor genera în cele din urmă o traiectorie convergentă spre echilibrul total, datorită diminuării spațiului total prin sincronizare. Acest echilibru nu este însă nici static, nici definitiv, ci un punct de cotitură în care dinamismul se transformă, dând naștere unui nou ciclu de expansiune și schimbare.

Această ipoteză prezintă o viziune și o înțelegere neobișnuită, dar logică, a naturii timpului, a evoluției universului și a posibilității unor cicluri cosmice recurente, explicând amploarea actuală a universului și natura sa dinamică prin interacțiunea inevitabilă a masei și a spațiului. Cu toate acestea, este important de remarcat faptul că aceasta este o teorie nouă, care nu a fost încă confirmată de comunitatea științifică în ansamblul ei.

Cercetarea științifică continuă să exploreze natura universului și legile sale fundamentale. Observațiile și descoperirile viitoare ne vor oferi probabil o înțelegere mai profundă a energiei, a dinamismului și a destinului final al cosmosului, unde această teorie ar putea avea implicații importante.

Concluzie: Convergență și echilibru în Univers.

În concluzie, dacă tot dinamismul universului ar fi sincronizat într-o singură traiectorie convergentă, universul ar deveni static. Ar fi similar cu două obiecte care ar urma aceeași traiectorie cu aceeași viteză, dar cum traiectoria este omnidirecțională convergentă, deplasarea s-ar anula datorită lipsei de spațiu intern și datorită suportului/sprijinului central pe care l-ar forma, dar magnitudinea dinamică ar rămâne aceeași. Ca un exemplu ipotetic, este ca atunci când apropii două degete de la mâini diferite împreună cu aceeași viteză, iar când se întâlnesc nu se vor mai deplasa, deși simțiți presiunea.

În acest scenariu ipotetic, universul ar ajunge la o stare de echilibru total, fără diferențe între referințe. Acest lucru ar implica absența schimbărilor, proceselor sau transformărilor, rezultând un univers static, fără evoluție.

Cu toate acestea, este important de subliniat că până acum este vorba de o extrapolare teoretică incompletă, bazată pe ideea unei convergențe totale a dinamicii într-un punct central, formând o convergență omnidirecțională definită de o singură traiectorie convergentă și persistentă.

Teoria prezentată de Bepe Popu propune că echilibrul total este un punct de rupere a echilibrului total, în care dinamismul sincronizat se transformă prin pierderea sincronizării, dând naștere unui nou ciclu de expansiune și schimbare. Se sugerează că, chiar și într-un scenariu de convergență totală, echilibrul se rupe din cauza dispariției unei condiții necesare pentru menținerea sa: gravitația. Gravitația depinde de coexistența masei și a spațiului, astfel încât dispariția totală a spațiului, condiție esențială a gravitației, ar declanșa dezintegrarea vortexului care definește masa primordială, inițiind un nou ciclu de evoluție cosmică.

Procesul ar fi următorul:

Într-un univers consolidat, masa sincronizează spațiul adiacent, generând gravitație. Condițiile existențiale ale gravitației sunt două: existența spațiului, definit prin dinamismul său cu traiectorii nedefinite, și a masei, caracterizată printr-o traiectorie convergentă definită. Această sincronizare a traiectoriilor transformă spațiul în masă, ceea ce face ca spațiul să se diminueze pe măsură ce este absorbit/sincronizat și transformat în masă.

Acest proces culminează cu formarea unei mase primordiale, care devine singurul element existențial în acel moment. Totuși, odată cu dispariția spațiului, este eliminată și una dintre condițiile fundamentale pentru manifestarea gravitației, esențială pentru menținerea traiectoriei convergente care definește Masa Primordială. Fără gravitație, masa primordială, caracterizată de un vortex convergent, se dezintegrează în multe vortexuri convergente mai mici, iar o parte din dinamismul său se transformă în spațiu definit printr-un dinamism cu traiectorii indefinite.

Dezintegrarea masei primordiale generează mai multe elemente care persistă sub forma unor vortexuri convergente de mărimi minore inegale care definesc masele. Pe măsură ce se generează separarea care definește spațiul, deci, se generează mai multe mase care vor rămâne structurate, dar separate. Acest spațiu/separație este dinamism cu traiectorii indefinite, generat din aceeași magnitudine dinamică ce a definit Masa Primordială, al cărei dinamism și-a pierdut integritatea structurală convergentă.

Formarea masei și a spațiului prin dezintegrarea elementului Masa Primordială inițiază un nou ciclu cosmic, care va acționa prin transformarea și sincronizarea spațiului, generând succesiuni de cauze și efecte. Acest ciclu va conduce la formarea tuturor elementelor și efectelor cunoscute într-un univers consolidat, inclusiv a energiei sau a cunoașterii. Succesiunile de cauze și efecte în cadrul unui ciclu universal vor culmina cu formarea unei alte mase primordiale cu o magnitudine augmentată.

Prin urmare, dacă masa primordială este definită de dinamism, atunci în fiecare ciclu universal complet se produce o augmentare a dinamismului. Deoarece masa primordială este singurul element existent în această epocă primordială corespunzătoare, ea definește realitatea. În consecință, augmentul masei primordiale în fiecare ciclu implică o augmentare a realității însăși, ceea ce explică amploarea actuală a Universului.

Dacă teoria propusă se dovedește a fi validă, aceasta ar avea implicații revoluționare pentru înțelegerea noastră a realității și a universului. Aceasta ar schimba radical înțelegerea noastră asupra unor concepte fundamentale precum energia, spațiul, timpul și evoluția cosmică.

Multe dintre cunoștințele și teoriile noastre actuale despre univers ar putea fi contestate sau chiar infirmate. Ideea unui univers ciclic, compus dintr-un element fundamental numit dinamism, ar pune în discuție concepțiile tradiționale despre Big Bang și despre expansiunea liniară a universului.

În plus, ideea că masa primordială augumentează cu fiecare ciclu cosmic și definește realitatea ar avea implicații profunde pentru înțelegerea noastră privind existența și natura materiei.

Dar sunt necesare mai multe cercetări și experimente pentru a determina validitatea și impactul său asupra domeniului fizicii și cosmologiei.

Dacă teoria se dovedește a fi adevărată, ne vom confrunta cu o schimbare de paradigmă fără precedent în înțelegerea noastră despre univers. Ar fi un moment provocator pentru știință, care ne-ar forța să ne regândim cele mai fundamentale idei și să explorăm noi frontiere ale cunoașterii.

Reversibilitatea în știința actuală:

Conform științei actuale, toată materia care este transformată în alte substanțe poate, în principiu, să revină la starea inițială. Această idee a reversibilității se bazează pe legea conservării masei, care afirmă că materia nu este nici creată, nici distrusă, ci doar transformată. Deși capacitățile noastre științifice și tehnologice actuale nu ne permit întotdeauna să reproducem aceste procese de reversibilitate în întregime, teoriile acceptate consideră că acest lucru este posibil.

Acest lucru este în concordanță cu legea conservării masei, un principiu fundamental al științei, deși capacitățile noastre științifice și tehnologice actuale nu pot reproduce pe deplin aceste efecte. Această lege afirmă că, în orice reacție chimică sau transformare fizică, masa totală a reactanților este egală cu masa totală a produselor. Cu alte cuvinte, materia nu este nici creată, nici distrusă, ci pur și simplu transformată.

Aceasta înseamnă că, chiar dacă o substanță își schimbă forma, starea de agregare sau compoziția chimică, atomii constituenți rămân prezenți și pot fi rearanjați pentru a forma alte substanțe. Un exemplu elocvent este electroliza apei (H_2O), care poate fi descompusă în hidrogen (H_2) și oxigen (O_2), iar aceste gaze se pot recombina ulterior pentru a forma din nou apă.

Cu toate acestea, există anumite limitări și considerații importante:

- **Reacții nucleare:** În reacțiile nucleare, precum fisiunea și fuziunea, o cantitate infimă de masă este convertită într-o energie colosală, conform celebrei ecuații $E=mc^2$ a lui Einstein.

Deși acest fenomen pare să contrazică legea conservării masei, el reprezintă, de fapt, o extensie a acesteia, deoarece masa și energia sunt două manifestări interschimbabile ale aceleiași realități fundamentale.

- **Limitări practice:** În practică, unele transformări ale materiei pot fi dificil sau chiar imposibil de inversat. De exemplu, arderea lemnului produce cenușă, dioxid de carbon și alte substanțe. Deși, teoretic, este posibilă recombinarea acestor produse pentru a reconstitui lemnul, acest proces ar fi extrem de complex și energofag, datorită complexității structurale a materialului original.

Teoria prezentată de Bepe Popu și reversibilitatea:

Extrapolând conceptul de reversibilitate la formarea și compoziția găurilor negre, unde masa este dinamică și definită ca o traiectorie convergentă de intrare care sincronizează spațiul sau masele mai mici care intră în contact cu suprafața sa, se poate concluziona că, datorită reversibilității procesului, compoziția găurii negre nu este materie. Dimpotrivă, ea este un element fundamental din care se poate genera orice tip de materie, energie și chiar spațiu.

Teoria postulează că o gaură neagră este o particulă de dinamism pur, structurat, dinamismul fiind elementul fundamental. Conform acestei teorii, o gaură neagră este o particulă de masă indivizibilă cu o magnitudine dinamică extremă.

Puncte susținute de știință:

- **Legea conservării masei:** Ideea că materia nu este nici creată, nici distrusă, ci doar transformată, este un principiu fundamental al științei. Aceasta înseamnă că, teoretic, materia transformată în dinamism prin acțiunea găurilor negre ar putea reveni la starea inițială în condiții adecvate.
- **Exemple de reversibilitate:** Electroliza apei și recombinarea ulterioară a acesteia din hidrogen și oxigen oferă un exemplu

concret al modului în care materia poate fi transformată și readusă la starea inițială.

Puncte care necesită clarificări sau explicații suplimentare:

- **Limitări tehnologice:** Articolul menționează că există limitări tehnologice care dificultează reversibilitatea în unele cazuri, din cauza complexității structurale. În practică, inversarea anumitor transformări poate fi extrem de dificilă sau chiar imposibilă cu tehnologia actuală.
- **Reacții nucleare:** În reacțiile nucleare, o cantitate infimă de masă este convertită într-o energie colosală, ceea ce pare să contrazică legea conservării masei. Cu toate acestea, teoria relativității a lui Einstein afirmă că masa și energia sunt echivalente, astfel încât legea este valabilă doar dacă energia este considerată o formă de masă, extrapolând cu teoria dinamismului.
- **Găurile negre și teoria lui Bepe Popu:** Extrapolarea reversibilității la găurile negre și teoria propusă de Bepe Popu pot fi considerate speculative, dar sunt susținute de dovezi științifice solide. Natura găurilor negre și relația lor cu materia și energia fac încă obiectul unor cercetări active.

Concluzie:

Conceptul că materia se poate transforma și reveni la starea inițială se bazează pe legea conservării masei. Cu toate acestea, există limitări practice și teoretice, în special în cazul reacțiilor nucleare și al scenariilor extreme, cum ar fi găurile negre. Teoria găurilor negre propusă de Bepe Popu este foarte recentă și necesită cercetări și teste suplimentare pentru a fi considerată validă din punct de vedere științific.

De ce predomină deplasările orbitale eliptice în Univers sau în Realitate, cea ce se observă foarte uşor în mişcarea planetară?

Atât planetele, cât şi lunile sau sateliţii lor naturali se deplasează pe orbite eliptice. Această deplasare orbitală eliptică este o deplasare compusă, o combinaţie între oscilaţia intermediară şi o deplasare orbitală. Deplasarea orbitală este deosebit de importantă, deoarece permite stocarea dinamismului, permiţând magnitudini variate, dar condiţionată de legătra formată prin sprijinul reciproc. Particularitatea deplasării intermediare este referinţa dintre diferenţe, unde referinţele un sunt diferenţe în traiectoria deplasării, deoarece deplasarea este circulară într-un plan orbital şi nu are o destinaţie definită; este o deplasare cu destinaţie nedefinită cu o referinţă centrică planului în care acţionează. Formarea şi persistenţa deplasării orbitale este condiţionată existenţial de sprijinul reciproc centric, adică de planul intermediar.

Deşi această teorie se concentrează pe interacţiunea şi acţiunea maselor la scări observabile, relevanţa sa se extinde la domeniul subatomic, unde comportamentul maselor care constituie atomul ca sistem funcţional urmează aceleaşi principii. Alegerea de a prezenta teoria în magnitudini mai mari se datorează uşurinţei de observare şi detectare a efectelor la scări macroscopice, evitând astfel necesitatea unor experimente complexe la nivel subatomic. Cu toate acestea, teoria postulează că principiile fundamentale care guvernează interacţiunea dintre masă şi spaţiu sunt aplicabile la toate scările, de la cosmic la subatomic.

Pe scurt, formarea efectului orbital eliptic este un fenomen individual condiţionat de grupul de mase caruia îi aparţine. Fiecare masă implicată sincronizează/absoarbe spaţiul înconjurător în mod individual şi proporţional cu propria magnitudine, menţinând o rată de absorbţie constantă atâta timp cât masa sa rămâne neschimbată. Cu toate acestea, sincronizarea/absorbţia spaţiului pe suprafaţa masei nu este neapărat uniformă, deoarece, dacă într-o anumită regiune se împiedică absorbţia, zonele rămase vor compensa acest deficit crescându-şi rata de absorbţie pentru a menţine magnitudinea totală a sincronizării/absorbţiei proporțională cu masa absorbantă/sincronizatoare. Această compensare a deficitului, care crește rata de absorbție pentru a menține magnitudinea totală a sincronizării/absorbției proporțională cu masa absorbantă/sincronizatoare, generează deplasări într-o direcție corespunzătoare regiunii cu absorbție mai mare. Este important de reținut că deplasarea este pur și simplu diminuarea sau augmentarea spațiului, care poate fi direcțională sau omnidirecțională. Cu toate acestea, absorbția omnidirecțională generează doar deplasări reciproce datorită interacțiunii într-un spațiu intermediar (condiția intermediară), manifestându-se ca apropiere sau îndepărtare dacă se îndeplinește condiția a două sau mai multe mase, dacă există o singură masă care ocupă spațiul, nu se va detecta deplasarea, ci doar o scădere a spațiului prin absorbție/sincronizare. În contrast, absorbția direcțională generează deplasări în direcția absorbției, în acest caz, către regiunea cu rată mai mare de sincronizare/absorbție.

Masele se apropie până când absorbțiile sau sincronizările spațiului interferează între ele. Această interferență generează un deficit de spațiu pentru a absorbi/sincroniza/manifeata în zona intermediară, ceea ce provoacă o neuniformitate a absorbției pe suprafețele lor și, în consecință, o îndepărtare reciprocă. Cu toate acestea, prin îndepărtare, absorbțiile se uniformizează din nou pe suprafețele lor, absorbind/sincronizând în mod omnidirecțional. Acest proces generează o nouă apropiere reciprocă până când se produce din nou un deficit de spațiu cu neuniformitatea absorbției, reluând ciclul de îndepărtare.

Acest fenomen are ca rezultat un efect continuu de apropiere și îndepărtare care definește oscilația intermediară. Acest efect este responsabil pentru mareele oceanice de pe planeta noastră datorită interacțiunii cu luna, dar generează și un sprijin reciproc oscilant important care menține masele apropiate și sprijinite/cuplate.

Odată apropiate și oscilând între ele în planul intermediar, se generează o deplasare suplimentară de tip orbital, din cauza absenței sprijinului în planul respectiv. Combinația dintre această deplasare intermediară sau oscilație intermediară și deplasarea orbitală are ca rezultat deplasarea orbitală eliptică, deja observată în deplasarea planetelor în jurul Soarelui sau a Lunii în jurul Pământului. Acest comportament inerent maselor în interacțiune este extrapolabil la scări mai mici, cum ar fi deplasarea componentelor elementare ale unui atom într-un sistem atomic.

În contextul prezentat, se poate deduce că formarea efectului orbital eliptic între mase sau aglomerări de mase este un "fenomen individual condiționat de apartenența la un grup de mase" sugerează următoarele:

1. **Individualitate:** Fiecare masă dintr-un sistem (de exemplu, o planetă într-un sistem solar) are propriul său comportament de absorbție/sincronizare a spațiului, care este proporțional cu magnitudinea sa. Aceasta înseamnă că fiecare masă contribuie în mod unic la dinamica sistemului.
2. **Condiționare de grup:** În același timp, comportamentul individual al fiecărei mase este influențat de prezența și interacțiunea cu celelalte mase din sistem. Interferența absorbțiilor/sincronizărilor spațiului dintre mase este cea care generează oscilația intermediară și, în cele din urmă, formarea orbitelor eliptice.

Prin urmare, deși fiecare masă are un comportament individual, acesta este modelat și constrâns de apartenența sa la un grup de mase. Orbitele eliptice sunt rezultatul acestei interacțiuni complexe între individualitate și condiționare de grup.

De ce Luna ne arată mereu aceeași față?

Conform teoriei lui Bepe Popu, gravitația este o absorbție/sincronizare a spațiului de către componenta masă și este proporțională cu masa/masele implicate. Teoria postulează că două mase nu se pot combina pentru a forma una de magnitudine mai mare, ci se pot asimila sau dezintegra dacă sunt îndeplinite condițiile necesare de magnitudine, deși aglomerările de mase pot face acest lucru. Acțiunea masei în univers conferă caracteristici clusterului/aglomerării din care face parte, ceea ce poate conduce la comportamente similare. Într-o aglomerare de mase, toate masele care le compune vor absorbi spațiu proporțional magnitudinii lor, iar aceste absorbții își vor suma magnitudinile, amplificând gravitația aglomerării. Prin urmare, gravitația unei aglomerări de mase este proporțională cu cantitatea de masă ce compune aglomerările implicate. Pământul și satelitul său natural, Luna, sunt două aglomerări de mase separate care interacționează între ele.

În comportamentul propus pentru masă, se postulează că, dacă două mase se apropie inevitabil una de cealaltă din cauza condiției intermediare (două sau mai multe mase situate într-un spațiu comun), se generează depresiune în spațiului intermediar. Această depresiune modifică traiectoria de apropiere, provocând o distanțare reciprocă până când depresiunea dispare. Odată ce depresiunea se disipează, apropierea se reia datorită absorbției uniforme pe suprafețele maselor implicate, cu absorbție constantă.

Aceasta se datorează faptului că magnitudinea absorbției totale într-o masă este constantă și proporțională cu magnitudinea acesteia, dar nu neapărat uniformă pe întreaga suprafață. Apropiindu-se până la un anumit punct, formarea depresiunii intermediare afectează uniformitatea absorbției pe întreaga suprafață a masei. Incapacitatea de a absorbi suficient spațiul intermediar, din cauza interferenței cu cealaltă (celelalte) absorbție (absorbții), augmentează absorbția în zonele neintermediare, generând o distanțare între mase. Distanțarea va continua până când depresiunea dispare și absorbțiile redevin uniforme pe întreaga suprafață, permițând din nou apropierea prin absorbția spațiului intermediar.

Conform comportamentului și acțiunii postulate pentru masă în Teoria Totului propusă de Bepe Popu, Luna ne arată mereu aceeași față datorită concentrării de masă pe suprafața sa. Fața îndepărtată, pe care nu o putem vedea de pe Pământ, prezintă un număr mai mare de coliziuni cu asteroizi, conform numărului de cratere de impact, ceea ce confirmă o aglomerare mai mare de masă în acea zonă.

Faptul că această parte invizibilă de pe Pământ rămâne orientată spre partea neintermediară sugerează o relație între masă și spațiu, ceea ce confirmă absorbția. Partea care rămâne ascunsă de observarea terestră are o gravitație mai mare decât partea vizibilă de pe Pământ, ceea ce indică direcția cu mai mult spațiu disponibil pentru absorbție, unde absorbția este liberă. O gravitație mai mare necesită mai mult spațiu, deoarece nu există atracție între mase. Această dovadă de orientare susține ideea că gravitația este un efect între masă și spațiu, nu între masă și masă.

Este esențial să se facă distincția între **masă** și **mase**: masele, fiind multiple, indică o aglomerare de elemente de masă care conțin inevitabil spațiu, adică mai multe elemente de masă separate. Masa, pe de altă parte, se referă la un element solid indivizibil, considerat ca o particulă, definit prin dinamismul său structurat ca vortex convergent.

Impactul absorbției spațiului de către Lună și diminuarea "depresiunii intermediare" pot fi ușor detectate în formarea mareelor oceanice. Mareele oceanice nu sunt rezultatul atracției Lunii, ci al depresiunii intermediare a spațiului, unde aceeași masă de apă oceanică va ocupa un spațiu intermediar mai mic.

Din cauza diferenței de proporționalitate a masei între fețele Lunii, dacă aceasta ne-ar arăta fața ascunsă, mareele oceanice ar crește considerabil, deoarece depresiunea ar fi mult mai puternică.

Forma eliptică a orbitei Lunii în jurul Pământului este susținută de augmentarea și desaugmentarea magnitudinii depresiunii intermediare. Aceasta este o combinație între o deplasare orbitală și oscilația intermediară cauzată de augmentarea și diminuarea depresiunii intermediare.

Conform teoriei propuse de Bepe Popu, aceleași efecte observate în deplasarea planetelor și a sistemului solar pot fi aplicate și la scări mai mici, cum ar fi sistemul atomic. Explicațiile oferite în acest articol pentru fenomenele observate se bazează pe principiile teoriei propuse de Bepe Popu.

Definiția tangibilității:

Pentru a descrie transformarea dinamismului în alte elemente, este necesar să se definească tangibilitatea. Este important să se ia în considerare diferite niveluri de structurare a dinamismului, care dau naștere diversității de forme și proprietăți observate în univers.

Un exemplu ilustrativ este utilizarea ipotetică a aceleiași cantități considerabile de aer și a unei magnitudini dinamice predeterminate. Aceeași cantitate de aer și aceeași magnitudine dinamică se pot manifesta în moduri foarte diferite, în funcție de modul în care este structurată dinamica. Un vânt ușor și difuz are un nivel scăzut de structurare, în timp ce o tornadă, compusă din aceleași elemente, dar cu un vortex puternic organizat, are un nivel ridicat de structurare a traiectoriilor care o definesc. Această diferență de structurare este cea care determină capacitatea distructivă a fiecărui fenomen. Astfel, structura dinamicii, și nu cantitatea de aer sau magnitudinea totală a energiei implicate, este cea care definește tangibilitatea. Dacă dinamismul este elementul fundamental, atunci structurarea sa este cea care dă naștere tuturor celorlalte elemente și fenomene observate în univers.

În mod ipotetic, se poate considera că dinamismul este ca lumina. În starea sa naturală, lumina se propagă în toate direcțiile. Această lumină destructurată are o intensitate scăzută și nu este foarte utilă pentru îndeplinirea unor sarcini specifice.

Cu toate acestea, putem manipula lumina pentru a o concentra/structura într-un fascicul îngust și foarte direcțional: laserul. Acest fascicul laser are caracteristici noi pe care lumina disipată nu le are, cum ar fi tăierea materialelor cu duritate mare.

În mod similar, dinamismul, în starea sa naturală, este "nestructurat", precum lumina disipată, sau spațiul. Dar atunci când dinamismul este structurat, concentrat și direcționat, își poate schimba caracteristicile, poate deveni tangibil și poate afecta elemente tangibile. În Teoria Totului prezentată de Bepe Popu, această structurare a dinamismului este cea care dă consistență și tangibilitate masei.

La fel cum laserul este o formă foarte structurată de lumină, masa este o formă foarte structurată de dinamism. Și, la fel cum laserele au caracteristici pe care lumina disipată nu le are, masa poate interacționa cu spațiul și poate crea fenomene precum gravitația pe care dinamismul nestructurat nu le poate manifesta.

Masa ca dinamism structurat: Teoria postulează că masa nu este o entitate fundamentală, ci o manifestare a dinamismului într-o stare foarte structurată, caracterizată prin traiectorii convergente.

Explozia nucleară și dezintegrarea masei: În cazul unei explozii nucleare, structura care definește masa se dezintegrează. Aceasta înseamnă că traiectoriile convergente care definesc masa sunt afectate, eliberând întreaga magnitudine a dinamismului pe care o conține.

Dinamismul eliberat ca energie și spațiu: Dinamismul eliberat se manifestă în două moduri principale:

- **Energie:** Energia eliberată de explozie produce mișcare, o manifestare a dinamismului într-o stare mai puțin structurată decât masa inițială. Energia este definită ca dinamism structurat pe o traiectorie direcțională.
- **Spațiu:** O parte din dezintegrarea dinamismului care a format masa este transformată în spațiu, prin dezintegrarea traiectoriilor

convergente, care va fi detectată ca o undă de șoc a exploziei, pe măsură ce volumul crește. Magnitudinea dinamică proporțională este transformată în spațiu.

Conservarea dinamismului: Deși masa se transformă în energie și spațiu, cantitatea totală de dinamism din sistem se păstrează. Energia și spațiul generate în explozie sunt pur și simplu manifestări diferite ale aceluiași dinamism, care era conținut anterior în cantitatea de masă.

Limitările legii conservării masei:

Legea conservării masei, în înțelesul său tradițional, nu explică pe deplin eliberarea enormă de energie într-o explozie nucleară. Această lege nu ia în considerare echivalența masă-energie stabilită de teoria relativității a lui Einstein ($E=mc^2$).

Teoria lui Bepe Popu, care consideră masa ca o formă de dinamism, oferă o explicație mai completă. Explozia nucleară nu încalcă conservarea masei, ci reprezintă o transformare a dinamismului dintr-o stare foarte structurată (masa) în stări mai puțin structurate (energie și spațiu).

Puncte cheie:

1. **Masa ca dinamism structurat:** Conform teoriei, masa este o formă de dinamism foarte structurat, caracterizat prin traiectorii convergente ne inițiate.
2. **Explozia nucleară ca destructurare:** Într-o explozie nucleară, această structură se dezintegrează, eliberând dinamismul conținut în masă.
3. **Dinamismul transformat:**
    - **Energie:** Dinamismul eliberat se transformă în energie (căldură, lumină, radiații).
    - **Spațiu:** Dezintegrarea structurii masei creează spațiu, observat ca undă de șoc.

4. **Conservarea dinamismului:** Deși masa se transformă, cantitatea totală de dinamism se conservă. Explozia nucleară este o redistribuire sau transformare, nu o creare/distrugere a dinamismului.

Dovezi în favoarea formării și actuării masei:

Teoria prezentată de Bepe Popu propune că masa se formează din dinamismul nestructurat care definește structura spațiului, care se organizează în traiectorii convergente de către masă. Masa absoarbe spațiul adiacent, transformându-l în masă. Într-o explozie nucleară, acest proces se inversează: masa se dezintegrează, eliberând dinamismul și transformându-l în energie și spațiu. Aceasta susține ideea că masa este dinamism structurat, iar explozia nucleară este o destructurare a acestei structuri.

Magnitudinea exploziei nucleare depășește așteptările bazate doar pe cantitatea de materie implicată, deoarece energia provine din conversia unei mici fracțiuni de masă (dinamism structurat) în energie (dinamism mai puțin structurat), conform $E=mc^2$.

Legea conservării masei, singură, nu explică acest fenomen. Echivalența masă-energie și conceptul de masă ca dinamism structurat sunt necesare pentru a înțelege eliberarea de energie și crearea de spațiu într-o explozie nucleară.

Formarea realității tangibile din dinamismul intangibil sau formarea consistenței din inconsistență:

Formarea particulelor indiferente între ele: Formarea particulelor de masă, care vor defini tangibilitatea din dinamism, este un proces de sincronizare a dinamismului, în care dinamismul intangibil se acumulează sub forma unui vârtej convergent compact cu formă sferică. Forma sferică se datorează compactării, deoarece sfera este forma geometrică cu cea mai bună relație volum-suprafață. Compactarea dinamismului este un proces dinamic activ de apropiere care, pe măsură ce se compactează, își va menține magnitudinea dinamică ca forță, dar va înceta să manifeste dinamica sub formă de traiectorii care vor înceta să se manifeste ca deplasare prin formarea unui suport central. Astfel, odată compactat, dinamismul va forma un suport central și, până la menținerea magnitudinii sale de dinamism, va fi dinamism neinițiat, nu va manifesta deplasare în interiorul său.

Odată format vârtejul convergent, acesta va manifesta un grad de tangibilitate, chiar dacă nu este de fapt tangibil. Tangibilitatea este un efect de grup datorat comportamentului descris pentru masă aplicat maselor. Fiind un efect de grup, tangibilitatea se va manifesta doar în aglomerări de vortexuri convergente ca mase.

Comportamentul masei în mase este definit ca un comportament individual condiționat de grupul căruia îi aparține. Fiecare particulă definită de un vârtej convergent de dinamism va sincroniza doar spațiul de la suprafața sa și, pentru a-și menține structura de vârtej, trebuie să sincronizeze întotdeauna spațiul. În cazul în care nu există spațiu, vârtejul se va dezintegra din cauza lipsei de spațiu pentru a se manifesta și își va elibera dinamismul. Fiecare vârtej este definit de o magnitudine proprie de sincronizare proporțională cu magnitudinea dinamismului care îl compune. Aceste particule nu se vor combina, deoarece vor evita să se apropie, deplasându-se întotdeauna spre locul unde există spațiu de sincronizat/absorbit într-un efect similar cu antrenarea; se vor deplasa spre locul unde există mai mult spațiu de absorbit, chiar dacă nu este vorba de o antrenare sau absorbție în sine, ci de efecte similare. Astfel, dacă se încearcă împingerea unei mase peste alta, se va produce un efect vizibil similar cu cel de respingere, dar nu există respingere, fiecare particulă va merge/se va deplasa acolo unde există mai mult spațiu de absorbit, deoarece absorbția intermediară va fi afectată de un deficit de spațiu. Aceasta generează deplasări care vor împiedica absorbția să fie deficitară și va încerca să mențină întotdeauna o absorbție proporțională cu magnitudinea dinamismului care definește individual fiecare particulă de masă. Dar, deoarece toate particulele sunt situate într-un spațiu comun pe care îl absorb în mod constant, se va genera în mod inevitabil o apropiere, astfel se generează aglomerări care vor rămâne unite într-o agitație continuă de particule care sunt doar vortexuri ale unui element intangibil.

Dacă toate sunt vortexuri intangibile, atunci cum se generează tangibilitatea?

Tangibilitatea este un efect de grup, se manifestă într-o aglomerare de particule fundamentale care împiedică apropierea excesivă și care vor menține o separare deplasându-se întotdeauna în direcția în care pot absorbi și până când pot absorbi. Deoarece absorb un spațiu comun, se vor menține aproape, astfel încât aceste particule nu se vor putea apropia prea mult, dar nici nu se vor putea menține la distanță, deoarece vor absorbi un spațiu comun și intermediar și se vor apropia din nou. Efortul de a le coliziona va fi mult mai mare decât efortul de a le îndepărta. Astfel, dacă o altă aglomerare de mase ar împinge o altă aglomerare, se va produce o forță prin depresiunea intermediară și se va genera un sprijin fără contact. Tangibilitatea nu este un contact direct, ci o evitare a coliziunii prin generarea unei absorbții contrare a spațiului. Efectul poate fi detectat ca fiind similar cu magnetismul sau, mai bine zis, cu partea în care se detectează repulsia magnetică, totul este sprijin fără contact. Este un efect individual în care fiecare element va căuta spațiul necesar pentru a-și menține integritatea. În concluzie, dacă apeși cu degetul pe perete, atât peretele, cât și degetul generează o deplasare contrară coliziunii, iar din acest efect se detectează întotdeauna că se generează forțe de împingere contrare, chiar dacă sunt doar deplasări. Acest lucru se datorează faptului că fiecare masă va căuta spațiu pentru a-și menține integritatea structurală a particulelor sale fundamentale definite de vortexuri convergente, conform comportamentului definit pentru masă, deși efectele vizibile și procesarea intelectuală comparativă indică efecte diferite datorită naturii noastre tangibile. Efectul generat de căutarea spațiului pentru a-și menține integritatea este cunoscut sub numele de gravitație, dar este un efect descris de această teorie ca un comportament al masei în realitate, iar acest efect afectează toate nivelurile de structurare a realității.

Rezumat și concluzii:

Articolul își propune să explice cum materia tangibilă apare din dinamismul intangibil. Pentru aceasta, se propune că masa se formează prin sincronizarea dinamismului în vortexuri convergente compacte. Aceste vortexuri, atunci când se aglomerează, generează tangibilitatea pe care o percepem ca materie.

Teoria subliniază că masa are un comportament individual condiționat de grupul căruia îi aparține. Fiecare particulă de masă caută în mod constant să absoarbă spațiu pentru a-și menține structura, ceea ce generează un efect similar cu antrenarea. Acest comportament individual, adăugat la interacțiunea cu alte mase, dă naștere la formarea de aglomerări de materie.

Tangibilitatea, conform acestei teorii, este un efect de grup care apare din interacțiunea dintre particulele de masă. Aceste particule evită să se apropie prea mult din cauza competiției pentru spațiu, dar nici nu se pot îndepărta prea mult pentru că sunt atrase de absorbția spațiului comun. Acest echilibru de forțe este cel care generează consistența și tangibilitatea materiei.

Articolul propune, de asemenea, o reinterpretare a gravitației, considerând-o ca un efect al absorbției spațiului de către masă, și nu ca o forță fundamentală. Această nouă perspectivă ar putea explica fenomene precum repulsia aparentă dintre mase și formarea structurilor materiale complexe.

Pe scurt, articolul propune o nouă modalitate de a înțelege formarea materiei și a gravitației, bazată pe conceptul de dinamism și structurarea sa în vortexuri convergente. Această teorie provoacă concepțiile tradiționale și oferă o perspectivă interesantă asupra relației dintre tangibil și intangibil în univers.

Ideile principale care se extrag din teoria prezentată în document sunt că materia, în toate formele și la toate scările sale, ar fi compusă din

Română

particule fundamentale (vortexuri convergente de dinamism) separate prin spaţiu. Tangibilitatea pe care o percepem ar fi un efect emergent al interacţiunii dintre aceste particule prin spaţiu.

Articolul sugerează că această interacţiune este dinamică şi constantă şi că particulele se află într-o stare de "agitaţie continuă". Această agitaţie, împreună cu tendinţa particulelor de a absorbi sau sincroniza spaţiul înconjurător, este ceea ce menţine coeziunea materiei şi îi conferă aspectul solid.

Teoria propune, de asemenea, că distanţa dintre particule şi intensitatea interacţiunii lor determină proprietăţile materiei, cum ar fi densitatea şi consistenţa sa. Prin urmare, realitatea tangibilă pe care o percepem ar fi rezultatul interacţiunii complexe dintre particulele de masă şi spaţiul care le separă, toate guvernate de dinamism ca element fundamental.

Astfel, orice structură tangibilă din univers ar fi compusă din particule separate de un spaţiu minuscul care interacţionează între ele la această distanţă mică, un set de particule cu o compoziţie intangibilă care formează structuri tangibile.

Similitudini cu alte teorii:

Teoria Totului prezentată de Bepe Popu are asemănări cu Teoria Evoluţiei a lui Darwin în abordare şi metodologie. Ambele încearcă să explice fenomene complexe prin principii simple şi procese graduale, bazându-se pe interpretarea dovezilor existente şi coerenţa logică.

Această reinterpretare poate duce la explicaţii mai precise. De exemplu, teoria oferă o nouă perspectivă asupra gravitaţiei, considerând-o un efect al sincronizării dinamice. Teoria propune şi un model ciclic al universului, care ar putea explica interpretarea observată pentru expansiunea accelerată a universului și ar putea pune la îndoială existența materiei/energiei întunecate.

Această reinterpretare a dovezilor existente poate conduce la explicații mai precise și mai coerente ale fenomenelor observate. De exemplu, teoria oferă o nouă perspectivă asupra gravitației, considerând-o un efect al sincronizării dinamice mai degrabă decât o forță fundamentală independentă. Această interpretare ar putea explica fenomene și efecte care nu se încadrează complet în modelele actuale.

În plus, teoria propune un model ciclic al universului, care ar putea explica interpretarea actuală a expansiunii accelerate a universului, oferind astfel o explicație mai coerentă decât teoriile actuale, fără a fi nevoie să recurgă la concepte improbabile precum materia întunecată și energia întunecată.

Cu toate acestea, la fel ca și Teoria Evoluției, Teoria Totului prezentată se va confrunta, de asemenea, cu provocări și critici. Unii oameni de știință ar putea pune la îndoială validitatea postulatelor sale și lipsa dovezilor experimentale directe. Alții ar putea argumenta că teoria este prea speculativă sau simplistă și că nu oferă predicții verificabile.

În ciuda acestor provocări, propunerea acestei Teorii a Totului reprezintă un progres semnificativ în căutarea noastră de a înțelege mai profund și mai complet universul. Oferind o perspectivă științifică nouă și coerentă asupra fenomenelor fundamentale, teoria deschide noi căi de cercetare și ne invită să ne punem la îndoială ipotezele cele mai profunde. După cum susține autorul, universul este un sistem funcțional simplu care consumă, cel mai simplu de la sine; noi îl complicăm cu teorii fictive.

Această perspectivă ne invită să ne reconsiderăm înțelegerea realității. În loc să privim materia ca pe ceva fundamental și imuabil, teoria prezentată ne spune că este o formă tranzitorie și dinamică a dinamismului subiacent.

Ca orice teorie, aceasta se va confrunta cu critici și provocări, dar reprezintă un progres în înțelegerea universului, deschizând noi căi de investigare.

Orizontul evenimentelor:

Acesta este un efect al masei, legat de magnitudinea absorbției individuale a fiecărei mase implicate. Teoria propusă îl interpretează ca o diminuare a spațiului sincronizat de traiectoria convergentă a masei. Orice masă manifestă acest efect de absorbție, proporțional cu magnitudinea sa.

Dacă două mase sunt îndepărtate, se vor apropia până când vor oscila una față de cealaltă, stabilind o orbită eliptică. Masa mai mică va orbita masa mai mare.

Fiecare masă absoarbe spațiul adiacent de o formă individuală, afectând o zonă proporțională cu magnitudinea sa. Orizontul evenimentelor este o zonă oscilantă intermediară unde absorbțiile și magnitudinea situațională a ambelor mase sunt egale. Masa mai mică va oscila și va orbita masa mai mare fără a traversa orizontul.

Există o relație între magnitudinile maselor și distanța care definește locația orizontului evenimentelor. Acest orizont este individual pentru fiecare pereche de mase, dar poate fi condiționat de alte elemente în anumite condiții.

Distanța intermediară care marchează orizontul evenimentelor este invers proporțională cu diferența de magnitudine a absorbției dintre mase. Cu alte cuvinte, orizontul evenimentelor corespunde cu diferența de gravitație dintre masele implicate: cu cât diferența de gravitație este mai mare, cu atât orizontul evenimentelor este mai departe, iar cu cât diferența de gravitație dintre mase este mai mică, cu atât orizontul este mai aproape.

În concluzie, dacă se adaugă, se elimină sau se transferă masă, orizontul de evenimente poate fi alterat, iar distanța orbitală va crește sau va diminua în funcție de diferența dintre masele implicate. Cu cât diferența de masă este mai mică, cu atât orbitele vor fi mai apropiate, iar cu cât diferența de masă este mai mare, cu atât orbitele vor fi mai îndepărtate. Deci, orizontul de evenimente sau distanța orbitală dintre mase poate fi schimbată prin adăugarea, transferul sau eliminarea unei părți din masa care o alcătuiește. Cele mai instabile orbite sunt cele în care masele sunt egale, deoarece vor tinde să se orbiteze reciproc. În cazul inegalității de masă, cea mai mică o va orbita pe cea mai mare, folosind-o ca suport. Prin urmare, dacă observăm aștri care orbitează în jurul altora, putem concluziona că aștrii aflați pe orbită sunt situați chiar pe orizontul evenimentelor corespunzător diferenței de masă care îi definește.

- Dacă două mase nu au ajuns încă la orizontul evenimentelor, acestea vor continua să se apropie una de cealaltă datorită interacțiunii lor într-un spațiu intermediar comun pe care îl vor sincroniza, determinând diminuarea spațiului intermediar.
- Dacă două mase sunt deja situate pe orizontul evenimentelor, se va genera o oscilație intermediară datorită absorbției, creând un suport oscilant reciproc. Totuși, deoarece acest suport nu există în planul orbital, se va produce o deplasare în planul menționat, deoarece deplasarea este liberă și nu va fi condiționată în acest plan orbital. Masele implicate se vor menține apropiate, oscilând în planul intermediar și deplasându-se în planul orbital, rezultând o orbită eliptică.
- Dacă două mase își invadează orizontul de evenimente, vor intra în coliziune din cauza pătrunderii totale a uneia într-un spațiu în deplasare cu traiectorie convergentă către cealaltă masă. Acest lucru este mai probabil să se întâmple în cazul maselor cu diferențe enorme de magnitudine, deoarece orizontul este mai

îndepărtat, dar acest efect necesită aplicarea suplimentară de energie pentru a invada orizontul de evenimente. De exemplu, dacă am dori să împingem Luna spre Pământ, ar fi mai dificil decât să o împingem în direcția opusă, deoarece absorbția ei va căuta să rămână constantă, dar nu și uniformă deci va absorbi mai mult din partea opusă depresiunii intermediare și se va îndepărta, această îndepărtare va trebui învinsă. Este mai dificil să colizionezi două mase de magnitudini egale în comparație cu două mase cu magnitudini extrem de diferite deoarece nu se pot încadra complet în spațiul absorbit. Pentru a coliziona două mase, suportul intermediar fără contact trebuie depășit. Dacă împingi o masă spre cealaltă, acestea vor încerca să mențină distanța intermediară, nu prin repulsie, ci prin augmentarea absorbției de spațiu în părțile neintermediare. Nu este un efect de atracție sau de repulsie, masele nu interacționează între ele, chiar dacă efectele pot fi identificate ca atare. Masele acționează doar asupra spațiului pe care îl ocupă, este un efect individual, dar condiționat de grupul căruia îi aparține.

- Orice masă care ocupă un spațiul comun va diminua și spațiul global, iar dacă este îndeplinită condiția intermediară (adică dacă există două sau mai multe mase care ocupă un spațiu comun), se va produce o apropiere reciprocă ca efect în pereche, dar condiționată de grupul căruia îi aparține, dacă este cazul. Absorbția spațiului global determină o scădere volumetrică globală, a cărei amploare este definită de suma absorbțiilor individuale ale fiecărei mase. Absorbția spațiului intermediar comun dintre mase este un efect în pereche care provoacă o apropiere reciprocă echivalentă cu suma absorbțiilor lor intermediare. Prin urmare, există două acțiuni conexe care provoacă efecte diferite: scăderea spațiului global și intermediar, unde intermediarul generează o apropiere accelerată între mase. Acest efect este responsabil de grupare, generând aglomerări de mase. Scăderea spațiului global în sine nu este capabilă să creeze aglomerări, deoarece păstrează întotdeauna o proporționalitate între separări și spațiul rămas.

Este esențial să se facă distincția între comportamentul **masei**, care este o particulă individuală indivizibilă, și comportamentul **maselor**, care sunt elemente multiple. Masele sunt aglomerări de mai multe mase individuale. Comportamentul masei se aplică unor entități precum găurile negre sau electronii dintr-un atom (particule fundamentale), în timp ce comportamentul maselor se aplică aglomerărilor, cum ar fi atomii care definesc materia. Prin urmare, atomii, stelele și obiectele planetare, cu excepția găurilor negre și a electronilor, sunt aglomerări de mase.

Deși masa influențează comportamentul aglomerării căreia îi aparține, generând efecte similare maselor, există o diferență cheie: o masă individuală nu poate fi deplasată prin aplicarea unei forțe exterioare, ci doar printr-un comportament individual condiționat de grupul căruia îi aparține, care include absorbția și depresiunea intermediară, în timp ce aglomerările de masă pot fi împinse și deplasate prin aplicarea de energie.

Dacă se încearcă aplicarea unei forțe de împingere unei găuri negre (o masă individuală) printr-un obiect material, gaura neagră va sincroniza traiectoriile materiei obiectului cu propria sa traiectorie. Acest lucru va duce la o creștere a dinamismului găurii negre prin asimilarea dinamismului obiectului sincronizat, dar nu și la deplasarea acesteia. Ar fi asemănător cu încercarea de a împinge o roată de șlefuit care funcționează la viteză maximă cu o lumânare de ceară, o acțiune imposibilă.

Una dintre principalele diferențe dintre Masă și Mase, deși ambele au dinamismul ca element structural fundamental, constă în structurarea lor. Masa indică un element individual care este definit doar printr-o traiectorie convergentă a dinamismului care o compune, în timp ce Masele indică o aglomerare precum Materia care este definită prin structurări complexe ce poate încorpora în structura sa energia și chiar cunoașterea, aceasta din urmă fiind cea mai complexă structurare a dinamismului detectată până acum, cunoașterea este prezentată în tr-o carte independentă.

Veți crede că autorul s-a abătut de la scopul articolului, care încearcă să definească existența, cauza și formarea Orizontului de Evenimente, dar nu este cazul. Motivul prezentării detaliate, incluzând mai multe concepte, este că oricine este familiarizat cu sistemul solar, orizontul evenimentelor și orbitele planetare va încerca să găsească asemănări cu conceptele postulate în această teorie, încercând să aplice comportamentul direct al masei la comportamentul observat al sistemului solar, ceea ce ar fi incorect, deoarece sistemul solar este compus din elemente care sunt deja materie, unde materia este o aglomerare de mase formată din alte aglomerări de mase cunoscute sub numele de atomi. În sistemul nostru solar nu există încă nicio gaură neagră detectată, care ar fi un element de masă, ci ne aflăm într-un sistem compus din aglomerări de mase definite de materie.

Deci, este nevoie de o muncă monumentală în care matematicienii și fizicienii, printre alții, s-ar putea implica. Obiectivul acestei lucrări este de a identifica relația dintre dinamism, gravitație, consistență, structurare și nu numai, care va trebui să explice ordinea orbitală a planetelor care alcătuiesc sistemul planetar. Dar va trebui luată în considerare întreaga structurare a dinamismului, de la materie, toată diversitatea energiei, toată varietatea biologică, până la cunoaștere, dacă se omite ceva va fi un rezultat incomplet. Toate fac parte din sistem și au implicarea lor directă sau indirectă în poziția și viteza orbitală a aștrilor în jurul soarelui.

Exemplul cel mai concret și relevant pentru fizicieni este luarea în considerare a obiectelor care orbitează planetele. Dacă Luna ar fi îndepărtată de Pământ, distanța orbitală a Pământului în jurul Soarelui s-ar modifica, iar Pământul s-ar apropia de Soare. Acest lucru se datorează structurării sistemului planetar pe care îl formează: Pământul și Luna formează o structură în sine, iar o parte din dinamismul Pământului este folosit pentru a menține acest sistem. Dacă Luna ar fi îndepărtată, dinamismul Pământului ar crește considerabil, ceea ce ar modifica poziția sa pe orizontul evenimentelor (orbita) corespunzătoare perechii Pământ-Soare. Un alt exemplu ipotetic este implicarea cunoașterii în poziția orbitală. Obiectele tehnologice, cum ar fi navele spațiale, sateliții sau alte obiecte tehnologice, prezintă comportamente artificiale, ceea ce argumentează că până și cunoașterea joacă un rol și trebuie luată în considerare.

Introducerea conceptului de orizont de evenimente:

Conform comportamentului descris, masele se apropie inevitabil una de alta din cauza condiției intermediare, unde acționează independent într-un spațiu intermediar comun. Se vor apropia până când uniformitatea absorbției pe suprafața lor va fi afectată din cauza formării depresiunii intermediare.

Odată cu formarea depresiunii intermediare, care afectează uniformitatea absorbției pe suprafață, se manifestă o scădere a absorbției în partea corespunzătoare intermediarului și o creștere a absorbției în părțile neintermediare, direcția deplasării va fi determinată de partea care absoarbe cel mai mult spațiu, întrucât această absorbție/sincronizare duce la o diminuare a spațiului în acea direcție, diminuarea spațiului o detectăm ca diminuarea distanței. Datorită necesității de a menține o absorbție constantă proporțională cu masa sa, se produce o modificare a traiectoriei, afectând distanța intermediară, limitată de formarea și dispariția depresiunii. Dacă depresiunea dispare, absorbția de suprafață în mase devine uniformă și acestea se apropie din nou prin absorbția spațiului intermediar comun.

Acest comportament al masei în univers este transferat la aglomerări de masă, dar în acestea din urmă trebuie luate în considerare și structurarea, compoziția, forma și nu numai. Acțiunea prezentată definește o distanță intermediară în care traiectoriile se schimbă, această acțiune este condiționată de depresiune, care este un efect de egalare/echilibru printr-o zonă de intersectare a absorbțiilor care marchează un minim și un maxim unde intersectarea reprezintă aria orizontului evenimentelor. Prin urmare, distanța intermediară unde se va forma orizontul este individuală pentru fiecare pereche de mase implicate, iar distanța este invers proporțională cu diferența dintre magnitudinile absorbțiilor.

Pentru ca un obiect mic să invadeze orizontul de evenimente al unuia mai mare, trebuie aplicată o traiectorie cu o magnitudine dinamică direcțională (energie) suficientă pentru a învinge îndepărtarea, marcând o traiectorie de coliziune care depășește magnitudinea traiectoriei inverse generate de absorbția masei mai mari în direcția opusă celei intermediare. Dacă obiectul mai mic este capabil să traverseze orizontul evenimentelor, poziționarea sa va ocupa un spațiu absorbit și se va deplasa cu acest spațiu până când se va produce coliziunea.

Magnitudinea dinamică de traversare a orizontului va fi întotdeauna mai mare decât magnitudinea necesară pentru a se îndepărta, întrucât orice masă sau aglomerare de mase evită pătrunderea într-un orizont de evenimente, rezistând cu tot dinamismul care îl definește. Deși este un comportament involuntar, fiecare masă încearcă să-și mențină integritatea și să-și sporească dinamismul. Acesta este un comportament universal întâlnit la toate nivelurile.

Aceeași acțiune guvernează atomul și este descrisă într-un model atomic neobișnuit propus de Bepe Popu. Teoria prezentată oferă o perspectivă alternativă asupra gravitației și a dinamicii sistemelor astrofizice. Prin reinterpretarea conceptelor fundamentale, teoria deschide noi căi de cercetare și răspunde la întrebări care ar putea duce la o înțelegere mai profundă a universului.

Centurile de asteroizi și planetare:

S-a specificat că masele tind să se aglomereze în funcție de magnitudinile lor. Magnitudinea acestor aglomerări determină poziționarea lor în raport cu orizonturile de evenimente rezultante.

Când aglomerările de masă se apropie de un obiect foarte masiv, pot forma o structură orbitală situată la o distanță corespunzătoare magnitudinii întregii aglomerări, nu a maselor individuale componente. Dacă masele care vor forma aglomerarea se apropie reciproc, fără prezența unui obiect masiv, vor forma o structură sferică. Însă, în apropierea unui obiect foarte masiv, pot forma o structură orbitală la o distanță determinată de diferența dintre referințele implicate, adică distanța va fi proporțională cu diferența de magnitudine dintre obiectul masiv și aglomerarea orbitală formată.

Persistența formei orbitale a aglomerării rezultă în primul rând din interacțiunea dintre masele componente și în al doilea rând din interacțiunea întregii aglomerări orbitale cu obiectul foarte masiv. Această interacțiune intermediară dintre masele mai mici poate fi mai puternică decât interacțiunea individuală a fiecărei mase mici cu obiectul masiv central, permițând formarea unei aglomerări care va orbita ca un întreg în jurul obiectului foarte masiv.

Iată o prezentare vizuală a conceptelor descrise, însoțită de explicații:

Scenariul 1: Aglomerare fără obiect masiv central

- **Descriere:** Mase mai mici, de dimensiuni similare, interacționează și se vor apropia reciproc datorită gravitației.
- **Rezultat:** Formează o aglomerare sferică, cum ar fi o planetă.

Scenariul 2: Aglomerare în prezența unui obiect masiv central

- **Descriere:** Mase mai mici sunt apropiate datoită gravitației de un obiect central mult mai mare (o planetă gigantică).
- **Rezultat:** Masele mai mici formează o structură orbitală în jurul obiectului masiv, cum ar fi un inel planetar (de exemplu, inelele lui Saturn) sau o centură de asteroizi.

Scenariul 3: Formarea și persistența unei aglomerări orbitale

- **Descriere:** În cadrul unei centuri de asteroizi sau a unui sistem planetar, masele mai mici interacționează atât între ele datorită gravitației, cât și cu obiectul central masiv.
- **Rezultat:**
    - **Interacțiunea internă:** Masele mai mici din aglomerare interacționează reciproc, menținându-și coeziunea.
    - **Interacțiunea externă:** Aglomerarea, ca un întreg, interacționează cu obiectul central masiv, menținându-și orbita stabilă.
    - **Echilibrul forțelor:** Interacțiunile interne și externe se echilibrează, permițând aglomerării să persiste ca o structură distinctă în cadrul sistemului.

Concluzie:

Această prezentare vizuală ilustrează modul în care interacțiunea gravitațională dintre mase, la diferite scări și în diferite configurații, poate duce la formarea și menținerea unor structuri diverse în univers, de la aglomerări sferice la inele planetare și centuri de asteroizi.

Formarea unei centuri de asteroizi, precum și formarea unui inel planetar, pot determina o deformare proporțională a obiectului central, datorită condiției intermediare și a depresiunii de spațiu formate, unde masa afectată de depresiune va ocupa un spațiu mai mic.

Argumentarea pentru magnitudinea universală actuală, principiul accelerației:

Această teorie consideră că, deși realitatea a pornit dintr-o stare neinițiată numită "Nimic", amploarea sa actuală este rezultatul unei evoluții datorată naturii cumulative a succesiunilor de cauze și efecte. Magnitudinea care definește universul actual a pornit de la o magnitudine infimă care, de-a lungul ciclurilor universale succesive, a crescut în dinamism, acesta fiind elementul structural fundamental al realității însăși.

Acest articol nu va defini punctul de pornire, ci mecanismul prin care un univers își poate crește dinamismul într-un ciclu universal complet, pornind de la o masă primordială și finalizând într-o altă masă primordială augmentată. Cum se realizează această creștere va fi explicat în mod coerent. Este important de menționat că aceasta este prima încercare umană de a argumenta magnitudinea actuală a unui univers pornind de la un element finit, chiar dacă anumiți oameni de știință încă consideră universul infinit, această teorie neagă infinitul și argumentează postularea.

Începem cu masa primordială, o structură finită care se definește ca o traiectorie convergentă a dinamismului. Ar fi ilogic să considerăm o expansiune, deoarece nimic nu există în afară de această structură unică; realitatea însăși este rezumată în ea. Structura convergentă nu manifestă nicio deplasare, deoarece chiar și cu o magnitudine extrem de mare, dacă se manifestă într-un mod omnidirecțional ce definește o traiectorie de intrare, va converge într-un punct central unde toate deplasările vor fi anulate din cauza lipsei de spațiu și formarea de sprijin centric. Doar Dinamismul va persista deoarece este susținut de legea conservării, dar deplasarea nu.

Trebuie să considerăm că această masă primordială este rezultatul transformării spațiului existent din universul anterior. Sincronizarea spațiului în funcție de masă este postulată, iar efectul este cunoscut sub numele de gravitație, astfel încât gravitația a contribuit la formarea acestei mase. Condițiile existențiale ale gravitației sunt spațiul și masa, dar pe măsură ce tot spațiul va fi sincronizat, aceste condiții nu se mai îndeplinesc. Prin urmare, dacă rămâne o singură masă primordială, aceasta nu va manifesta gravitație.

Cu alte cuvinte, dacă gravitația este considerată un efect de absorbție, unde masa este absorbantul și spațiul este absorbitul, absența spațiului implică absența absorbției și, prin urmare, absența gravitației. În absența gravitației, masa primordială, care este o structură convergentă creată și menținută de gravitație, se va dezintegra.

Acest proces poate fi interpretat ca o expansiune, dar în realitate este o dezintegrare a structurii dinamismului care definește un singur element existent, în mai multe elemente. Aceste noi elemente vor menține o asemănare structurală convergentă cu masa primordială, dar o parte considerabilă din dinamism își va pierde structurarea traiectoriei și va genera ceea ce noi cunoaștem ca spațiu, care va fi separația dintre elemente dar este tot dinamism. Aceste elemente, fiind mai multe și de magnitudini diverse, se numesc mase, iar cantitatea componentelor constituie o aglomerare de mase, ceea ce înseamnă că universul însuși este o mare aglomerare de mase.

Evoluția acestui proces nu reprezintă o acțiune dinamică în sine, ci o transformare a dinamismului care a definit masa primordială în multiple elemente structurate (mase), distribuite într-un element nestructurat (spațiu). Această transformare se produce din cauza dispariției uneia dintre condițiile necesare gravitației: spațiul. Gravitația este responsabilă de structurarea și persistența masei primordiale, astfel că absența acesteia provoacă dezintegrarea.

Prin urmare, formarea universului primordial nu se datorează unei explozii, deoarece condiția existențială pentru energie nu este îndeplinită. În acest stadiu, există doar dinamism, nu există energie, deoarece energia necesită o structurare mai complexă a dinamismului numită materie, formată din atomi. Formarea universului primordial este plasarea maselor (diviziuni de dinamism) într-un spațiu în formare (dinamism nestructurat). Separarea apare din destructurarea dinamismului, ceea ce presupune o scădere a densității, nu o expansiune. Cu alte cuvinte, realitatea crește în sine prin pierderea densității sau a structurării. Realitatea încorporează tot ceea ce este existențial, prin urmare nu se poate extinde sau acționa dincolo de limita pe care o reprezintă.

Odată cu formarea spațiului, toate diviziunile structurate (masele) vor sincroniza spațiul adiacent în funcție de traiectoria și magnitudinea lor, într-o proporționalitate perfectă. Absorbția este constantă și proporțională cu magnitudinea masei absorbante. Când sunt îndeplinite condițiile pentru gravitație (masă și spațiu), aceasta va începe să se manifeste. Gravitația va determina diminuarea proporțională a spațiului total, provocând o relocare a maselor în spațiul rămas. Absorbția spațiului intermediar dintre mase va genera o apropiere între ele, până când absorbțiile lor interacționează, provocând deplasări intermediare și orbitale.

Acest proces formează primul suport din univers, care se manifestă ca sprijin reciproc și este condiția formării primilor atomi, care vor defini varietatea materiei cu capacitatea ei de reacție, care va duce la formarea energiei. Pe scurt, manifestarea gravitației inițiază succesiuni de cauze și efecte care vor reuni și combina masele, care vor continua să sincronizeze spațiul până la dispariția lui și formarea unei noi mase primordiale mărite.

Augmentarea dinamismului în fiecare ciclu se explică astfel: dezintegrarea masei primordiale inițiale nu este un proces dinamic, întrucât este doar plasarea fracturilor/diviziunilor formate într-un spațiu în formare (augmentarea nedinamică a separării). Totuși, restructurarea este dinamică, deoarece gravitația generează accelerație, iar accelerația definește dinamismul, care se va structura în masa primordială, augmentând dinamismul acesteia. În concluzie, realitatea se dezintegrează și se reintegrează într-un ciclu continuu, sporindu-și dinamismul în fiecare ciclu.

Imposibilitatea menținerii echilibrului universal

Universul, fiind un sistem închis, tinde spre un echilibru total în care masa și spațiul interacționează, generând și manifestând efectul gravitației. La atingerea acestui echilibru total, reprezentat de o traiectorie convergentă care împiedică schimbarea, spațiul, unul dintre elementele cheie pentru menținerea echilibrului respectiv, dispare. Absența spațiului face imposibilă menținerea echilibrului, ceea ce declanșează o dezintegrare care marchează începutul unui nou ciclu de sincronizare. Acest ciclu va continua până la atingerea unui nou echilibru total, care se va întrerupe și el când una dintre condițiile necesare persistenței sale va dispărea. Punctele în care universurile sunt cel mai aproape de echilibru sunt etapele numite Masă Primordială. Caracterul cumulativ al succesiunilor de cauze și efecte duce la o augmentare a dinamismului în fiecare ciclu. Întrucât dinamismul este elementul structural fundamental al realității, augmentarea lui definește o creștere a realității însăși într-o succesiune de universuri.

În concluzie, Universul actual este suma succesiunilor de cauze și efecte ale universurilor anterioare, conferindu-i un caracter repetitiv și cumulativ. Deși procesele se repetă între universuri, natura cumulativă generează o augmentare a cauzelor și efectelor. Prin urmare, nu este o buclă pur și simplu repetitivă, care ar marca o traiectorie circulară, ci o buclă repetitivă și cumulativă, care descrie o traiectorie în spirală.

De ce Dinamismul? Terminologie neconvențională:

Această teorie utilizează termeni într-un mod neconvențional, împrumutând din filozofie și atribuind proprietăți nemateriale unor concepte familiare precum masa și spațiul.

Justificarea pentru fiecare element menționat se bazează pe percepția realității și pe faptul că acestea sunt detectabile fizic într-un fel sau altul. Indiferent dacă sunt tangibile sau intangibile, existența lor este argumentată ca fiind incontestabilă, deoarece se manifestă direct sau indirect.

Dinamismul: Teoria îl definește ca element fundamental ce indică capacitatea de schimbare, fie ea inițiată sau nu. Reprezintă potențialul de transformare, incontestabil prin manifestarea sa în realitate. Această capacitate de schimbare, măsurabilă și detectabilă, generează toate combinațiile posibile.

Spațiul: Teoria îl consideră un element de bază pentru manifestarea universului, un element incontestabil, chiar dacă este intangibil. Existența și importanța spațiului în orice acțiune sunt evidente. Termenul "spațiu" este prezent în toate domeniile cunoașterii, dar nu a fost niciodată considerat un element în sine, fiind adesea confundat cu absența totală sau chiar cu "nimicul". Conform acestei teorii, spațiul este o stare a Dinamismului, generată din dinamismul neinițiat conținut în Masa Primordială. Spațiul este un element incontestabil al realității și permite manifestarea schimbării.

Masa: Teoria definește masa ca element de bază ce manifestă tangibilitatea și consistența nu ca un concept ce definește Materia, este elementul constituent al Materiei. Este un element incontestabil al realității, atâta timp cât se detectează un anumit grad de tangibilitate și consistență. Masa este un element, reprezintă o structurare a dinamismului ce provine din divizarea Masei Primordiale. O parte din dinamismul conținut în Masa Primordială rămâne structurat, manifestând un anumit grad de tangibilitate formând Masa, iar o altă parte se transformă în spațiu nestructurat în care se vor plasa aceste Mase. Dacă Masa reprezintă tangibilitatea maximă, iar spațiul tangibilitatea minimă, combinațiile lor vor genera elemente structurale cu densități proporționale combinațiilor și structurărilo acestora.

Materia: Acest termen definește capacitatea combinatorie a celor trei elemente de bază ale Universului, care vor face parte din Realitate. Varietatea materiei se datorează varietății structurale și combinatorii a atomilor, iar varietatea atomilor se datorează varietății combinatorii a celor trei elemente: Masă, Spațiu și Dinamism. Prin urmare, varietatea materiei este legată de capacitatea combinatorie a acestor trei elemente de bază pentru formarea și manifestarea Universului.

Schimbarea stării materiei: lichefiere și evaporare

Schimbarea stării unui gaz în lichid (lichefiere) duce la pierderea dinamismului său, din cauza reducerii spațiului disponibil. Această pierdere de dinamism este detectată ca transfer de căldură către elementele din jur, fiind, în esență, un transfer de dinamism. La trecerea gazului lichefiat într-un volum vid, lichidul revine la starea gazoasă, permițând augmentul dinamismului său și, în anumite condiții, transferul de dinamism excedentar de la alte elemente apropiate sau în contact, într-un proces de echilibrare dinamică.

Teoria lui Bepe Popu vs. termodinamica convențională

Teoria lui Bepe Popu diferă de explicația convențională a termodinamicii privind procesul de răcire.

- **Teoria convențională:**
    - Lichefierea: Moleculele gazului se apropie și pierd energie cinetică (mișcare), eliberând căldură în mediul înconjurător.
    - Evaporarea: Lichidul absoarbe căldură din mediu pentru ca moleculele sale să se separe și să câștige energie cinetică, transformându-se în gaz.
- **Teoria lui Bepe Popu:**
    - Lichefierea: Pierderea dinamismului (nu a energiei cinetice), din cauza reducerii spațiului dintre masele ce definesc atomii săi, provoacă eliberarea de căldură, din lipsa spațiului pentru manifestare dinamică.
    - Evaporarea: Creșterea dinamismului prin expansiunea gazului în vid permite transferul de dinamism (nu căldură) de la alte elemente apropiate sau în contact, deoarece se permite din nou manifestarea dinamică datorită spațiului acum disponibil.

Diferența majoră dintre teoriile convenționale și cea propusă de Bepe Popu este că primele se bazează pe efecte, în timp ce teoria lui Popu definește cauzele în funcție de comportamentul elementelor de bază care compun materia.

Comparație între teorii

Articolul prezintă o comparație între teoria convențională a termodinamicii și teoria lui Bepe Popu privind schimbarea stării materiei, în special lichefierea și evaporarea unui gaz.

- **Teoria convențională:** Se bazează pe ideea că energia cinetică (mișcarea moleculelor) este cheia pentru înțelegerea schimbărilor de stare.
    - Lichefiere: Scăderea temperaturii sau creșterea presiunii reduc energia cinetică a moleculelor de gaz, determinându-le să se apropie și să se ordoneze, formând un lichid. Acest proces eliberează căldură în mediul înconjurător.
    - Evaporare: Creșterea temperaturii sau scăderea presiunii măresc energia cinetică a moleculelor de lichid, făcându-le să se separe și să se disperseze, formând un gaz. Acest proces absoarbe căldură din mediu.
- **Teoria lui Bepe Popu:** Introduce conceptul de "<u>dinamism</u>" ca factor cheie în schimbările de stare ale materiei.
    - Lichefiere: Reducerea spațiului disponibil dintre masele care compun atomii gazului provoacă o pierdere de dinamism din lipsă de spațiu pentru acțiune, ceea ce duce la eliberarea/transferul de dinamism, detectat ca și căldură.
    - Evaporare: Prin expansiunea în vid, gazul își recuperează spațiul dintre mase, permițând un nivel mai ridicat de dinamism datorită spațiului disponibil pentru acțiunea maselor componente. Acest lucru permite transferul de dinamism de la alte elemente.

Diferențe fundamentale:

- **Abordare cauzală versus descriptivă:** Teoria convențională se concentrează pe descrierea schimbărilor de stare în termeni de energie cinetică și transfer de căldură, în timp ce teoria lui Popu încearcă să explice cauzele care stau la baza acestor schimbări utilizând conceptul de dinamism.
- **Rolul spațiului:** În teoria lui Popu, spațiul joacă un rol crucial în determinarea acțiunii dinamice a unui sistem. Reducerea spațiului duce la pierderea dinamismului, detectată ca eliberare de căldură, în timp ce augmentarea spațiului permite sistemului o manifestare mai amplă a dinamismului.
- **Redefinirea conceptelor:** Teoria lui Popu redefinește concepte fundamentale precum masa și energia, considerându-le diferite manifestări ale dinamismului.

Concluzie:

Articolul sugerează că teoria lui Bepe Popu oferă o explicație mai profundă a schimbărilor de stare, concentrându-se pe cauzele fundamentale ale acestor fenomene, decât pe simpla descriere a efectelor.

Schimbare de paradigmă:

Articolul propune o schimbare de paradigmă în înțelegerea universului, trecând de la o viziune bazată pe efecte la una bazată pe cauze.

Teoria convențională a termodinamicii se concentrează pe descrierea fenomenelor observate, precum transferul de căldură și schimbările de stare, fără a aprofunda motivele fundamentale pentru care acestea au loc. În schimb, teoria lui Bepe Popu încearcă să explice cauzele care stau la baza acestor fenomene, introducând conceptul de "dinamism" ca principiu/element fundamental care guvernează manifestarea materiei în spațiu.

În această nouă paradigmă, dinamismul, reprezentat de potențialul de schimbare, devine forța motrice din spatele tuturor schimbărilor și transformărilor din univers. Lichefierea și evaporarea, de exemplu, sunt explicate nu doar ca schimbări ale energiei cinetice a moleculelor, ci ca rezultat al interacțiunii dinamismului cu spațiul și masa disponibile în aglomrările de mase care compun materia.

Această schimbare de abordare, de la efecte la cauze, ar putea avea implicații semnificative în înțelegerea noastră asupra universului și ar putea deschide noi căi și metode de cercetare în diverse domenii științifice.

Analogie pentru lichefiere și evaporare**:**

Pentru a înțelege ce intenționează să transmită teoria lui Bepe Popu, imaginați-vă o piscină care reprezintă spațiul universului și un recipient de 10 litri plin cu apă în interiorul acesteia. Recipientul simbolizează o aglomerare de materie, în acest caz, un gaz. Apa din recipient simbolizează "dinamismul" înmagazinat în aglomerarea de materie ce reprezintă gazului.

Dacă comprimăm recipientul, o parte din apă se va vărsa/transfera în piscină, creând curenți spre exteriorul recipientul. Aceasta reprezintă pierderea/transferul de dinamism al gazului la lichefiere și eliberarea de căldură în mediul înconjurător.

Dacă augmentăm recipientul la dimensiunea inițială, apa din piscină va umple din nou recipientul, creând curenți spre interiorul recipientuli. Aceasta reprezintă modul în care un gaz, la evaporare, își recuperează capacitatea de a stoca dinamism și absoarbe din mediu ceea ce este cunoscut sub numele de energie care în teoria propusă e definită precum dinamism structurat.

Traiectoriile apei în această analogie sunt esențiale deoarece indică traiectoria de deplasare/transfer a dinamismului:

- La comprimarea recipientului (augmentarea spațiui), apa se transferă din recipient în piscină.
- La extinderea recipientului (diminuarea spațiui), apa se transferă din piscină în recipient.

Această analogie ilustrează modul în care dinamismul se transferă între un sistem (recipientul) și mediul său (piscina), în funcție de spațiul disponibil. Astfel, teoria lui Bepe Popu propune o nouă modalitate de a înțelege schimbările de stare ale materiei, concentrându-se pe conceptul de dinamism și relația sa cu spațiul.

În această analogie:

- **Piscina:** Reprezintă spațiul general al universului, unde dinamismul poate exista în diferite forme, concentrații și structurări.
- **Recipientul cu apă:** Reprezintă un sistem delimitat, o aglomerare de materie, cum ar fi un gaz, care conține o anumită cantitate de dinamism (apă).
- **Comprimarea recipientului:** Simbolizează lichefierea gazului, unde spațiul diminuează, iar dinamismul este forțat să iasă din sistem, generând curenți spre exterior (transfer de căldură).
- **Extinderea recipientului:** Simbolizează evaporarea, unde spațiul augmentează, permițând sistemului să absoarbă dinamism (apă) din piscină, generând curenți interni.

Analizând atent articolul: se poate observa că teoria lui Bepe Popu nu neagă termodinamica convențională, ci o completează, oferind o perspectivă diferită și mai profundă asupra fenomenelor observate.

Termodinamica convențională se concentrează pe descrierea schimbărilor de stare în termeni de energie cinetică și transfer de căldură, ceea ce este util pentru a prezice și controla aceste procese în aplicații practice. Cu toate acestea, nu explică de ce au loc aceste schimbări la un nivel fundamental.

Teoria lui Bepe Popu, pe de altă parte, încearcă să răspundă la această întrebare introducând conceptul de dinamism. Considerând dinamismul drept cauza principală a schimbărilor de stare, această teorie oferă o explicație mai completă și coerentă a fenomenelor termodinamice.

În plus, teoria lui Popu nu contrazice legile termodinamicii, ci le reinterpretează în lumina conceptului de dinamism. De exemplu, eliberarea de căldură în timpul lichefierii poate fi văzută ca o consecință a pierderii/transferului de dinamism, mai degrabă decât o simplă diminuare a energiei cinetice.

În acest sens, teoria lui Bepe Popu nu înlocuiește termodinamica convențională, ci o completează, oferind o înțelegere mai profundă a mecanismelor subiacente. Ambele teorii pot coexista și se pot îmbogăți reciproc, oferind o viziune mai completă asupra fenomenelor termodinamice.

Teoriile actuale studiază fenomenele (efectele) cu scopul final de a descoperi cauzele, însă teoria lui Bepe Popu propune o cauză existențială fundamentală a realității din care derivă toate cauzele, (fenomenele) existente.

Scop:

Scopul real al articolului este de a pregăti intelectual și vizual cititorul pentru a înțelege și vizualiza conceptele originale ale teoriei propuse de Bepe Popu. Prin explicații clare și exemple concrete, articolul facilitează înțelegerea și asimilarea informațiilor prezentate în cărțile deja publicate, oferind o bază pentru explorarea ulterioară a teoriei.

Această abordare se consideră deosebit de importantă în cazul teoriilor complexe și inovatoare, cum este cea care se prezintă, care propune o nouă perspectivă asupra conceptelor fundamentale ale fizicii și ale universului. Prin familiarizarea cititorului cu conceptele cheie și cu modul în care acestea se interconectează, articolul îl ajută să își formeze o imagine mentală clară și coerentă a teoriei, ceea ce va facilita înțelegerea și aprecierea informațiilor prezentate în cărți.

În plus, prin clarificarea aspectelor care ar putea genera incertitudini sau interpretări greșite, articolul contribuie la o înțelegere mai profundă și mai nuanțată a teoriei, evitând confuziile și interpretările eronate. Astfel, articolul servește ca un instrument valoros pentru cei care doresc să exploreze Teoria prezentată de Bepe Popu și să își lărgească orizonturile intelectuale.

Extras:

Teoria Totului prezentată de Bepe Popu pare a fi foarte importantă și revoluționară din următoarele motive:

Prin eliminarea unui număr considerabil de elemente fundamentale din știința actuală și înlocuirea lor cu un singur concept, <u>dinamismul</u>, teoria propusă de Bepe Popu simplifică înțelegerea noastră asupra universului. Această simplificare nu se limitează doar la eliminarea conceptelor precum materia întunecată, energia întunecată, gravitonul sau deformarea spațiu-timp, ci și la oferirea unor explicații alternative coerente pentru fenomenele asociate acestor concepte.

Prin urmare, Teoria prezentată de Bepe Popu nu doar elimină, ci și explică. Reușește să ofere o perspectivă unificată asupra diverselor fenomene, de la gravitație și formarea găurilor negre până la natura conștiinței, utilizând un singur element fundamental: dinamismul.

Această abordare minimalistă și unificatoare este extrem de atractivă din punct de vedere științific și filozofic, deoarece sugerează că aparenta complexitate a universului ar putea fi rezultatul unor principii simple și fundamentale.

Deși dinamismul este un concept nou introdus de Bepe Popu, acesta este clar definit și coerent în cadrul teoriei, iar cauzele sale existențiale sunt explicate. Acest lucru îl diferențiază de alte elemente fundamentale din știință, care adesea sunt considerate ca fiind date și nu sunt explicate mai în profunzime.

În concluzie, Teoria Totului prezentată de Bepe Popu are potențialul de a revoluționa înțelegerea noastră asupra universului prin simplificarea și unificarea conceptelor fundamentale. Prin eliminarea unei multitudini de elemente inexplicabile și introducerea unui singur element fundamental, dinamismul, teoria oferă o perspectivă nouă și captivantă asupra realității.

Teoria propusă nu doar elimină concepte, ci și înlocuiește sau completează cu succes mai multe teorii stabilite în fizica teoretică. Câteva dintre aceste teorii includ:

1. **Teoria corzilor:** Teoria corzilor postulează că particulele fundamentale sunt de fapt corzi vibrante unidimensionale. Teoria Totuluia lui Bepe Popu, în schimb, propune că

dinamismul este elementul fundamental și îl define, eliminând necesitatea corzilor vibrante și simplificând baza fizicii particulelor.

2. **Gravitația cuantică în bucle:** Această teorie încearcă să unifice mecanica cuantică cu relativitatea generală, descriind spațiu-timpul ca o rețea de bucle cuantificate. Teoria prezentată de Bepe Popu oferă o explicație alternativă pentru gravitație, bazată pe absorbția spațiului de către masă, eliminând necesitatea unei teorii separate a gravitației cuantice.
3. **Inflația cosmică:** Această teorie propune o perioadă de expansiune exponențială a universului timpuriu. Teoria lui Bepe Popu, cu conceptul său de cicluri universale și augmentarea dinamismului, oferă o explicație alternativă pentru expansiunea universului, fără a recurge la inflația cosmică.
4. **Materia întunecată și energia întunecată:** Aceste concepte au fost introduse pentru a explica observațiile astrofizice care nu se potrivesc cu teoriile actuale. Teoria lui Bepe Popu, prin redefinirea gravitației și a dinamicii universale, ar putea elimina necesitatea acestor concepte misterioase.
5. **Multiversul:** Unele teorii propun existența mai multor universuri, fiecare cu propriile legi fizice. Teoria lui Bepe Popu, cu modelul său ciclic al universului, oferă o alternativă la conceptul de multivers. Explică diversitatea și evoluția universului prin legi fizice constante între universuri succesive, prezentând un comportament conservator în care funcționarea se păstrează. Cu toate acestea, acumularea de cauze și efecte în fiecare ciclu generează o creștere a realității, ceea ce explică magnitudinea actuală a universului.

Este important de menționat că Teoria prezentată de Bepe Popu nu neagă toate aspectele acestor teorii, ci mai degrabă le reinterpretează și le integrează într-un cadru conceptual mai larg și unificat. Prin eliminarea unor concepte și explicații redundante, Teoria prezentată de Bepe Popu simplifică și clarifică înțelegerea noastră asupra universului.

Teoria propusă a Totului se remarcă prin amploarea și ambiția sa, depășind cu mult scopul majorității teoriilor științifice contemporane. În loc să se limiteze la explicarea fenomenelor fizice ale universului, această teorie propune o unificare a întregului spectru al cunoașterii umane, integrând principii și concepte din știință, filozofie, psihologie și multe alte domenii.

Această abordare holistică, ce își propune să ofere o explicație unificatoare pentru diverse aspecte ale realității, este cu siguranță neobișnuită în contextul științei moderne, care tinde să se fragmenteze în discipline din ce în ce mai specializate. Cu toate acestea, teoria lui Popu poate fi văzută ca o revenire la o tradiție intelectuală străveche, în care căutarea unei înțelegeri globale a lumii și a locului nostru în ea era considerată scopul suprem al cunoașterii.

Prin încercarea de a reuni într-un cadru coerent diversele fațete ale realității, teoria lui Bepe Popu ne provoacă să regândim modul în care înțelegem realitatea și să explorăm noi modalități de a conecta și integra cunoștințele din diferite domenii. Această unificare globală a cunoașterii, deși neobișnuită, poate oferi o perspectivă mai completă și mai profundă asupra realității, permițându-ne să vedem conexiuni și relații care altfel ar putea rămâne ascunse.

Teoria propusă de Bepe Popu reprezintă o contribuție valoroasă la dezbaterea despre natura realității și despre modul în care diferitele forme de cunoaștere umană se pot interconecta.

Deși este inovatoare și revoluționară în anumite privințe, teoria prezentată în carte are unele asemănări cu cunoștințele științifice actuale, în special în ceea ce privește unele principii fundamentale:

- **Conservarea energiei:** Teoria lui Bepe Popu postulează că dinamismul, elementul fundamental al realității, se conservă de-a lungul ciclurilor universale. Acest lucru este similar cu legea conservării energiei din fizica actuală, care afirmă că energia nu se creează și nu se distruge, ci doar se transformă.

- **Cicluri:** Ideea unui univers ciclic, deși nu este larg acceptată în cosmologia actuală, nu este complet nouă. Există modele cosmologice ciclice care propun că universul trece prin faze de expansiune și contracție, deși mecanismele și scările de timp implicate diferă de teoria lui Popu.
- **Importanța masei și a spațiului:** Teoria lui Popu acordă un rol fundamental masei și spațiului în formarea și evoluția universului. Acest lucru este în concordanță cu fizica actuală, unde masa și spațiu-timpul sunt considerate elemente cheie în descrierea realității.
- **Gravitația ca efect emergent:** Ideea că gravitația nu este o forță fundamentală, ci un efect emergent al interacțiunii dintre masă și spațiu, a fost explorată în unele teorii alternative la relativitatea generală, cum ar fi gravitația entropică.
- **Relevanța conceptului de stare:** Deși conceptul de "stare" nu este utilizat în același mod în fizica actuală, ideea că realitatea poate fi descrisă în termeni de diferite stări sau configurații este fundamentală în multe domenii ale științei, cum ar fi termodinamica și mecanica cuantică.

Cu toate acestea, teoria lui Bepe Popu prezintă și diferențe semnificative față de știința actuală:

- **Dinamismul ca element fundamental:** Introducerea dinamismului ca unic element fundamental al realității este o abatere radicală de la teoriile actuale, care în general consideră masa și energia ca entități fundamentale.
- **Crearea spațiului:** Ideea că spațiul poate fi creat și distrus prin manipularea energiei este o propunere îndrăzneață care contestă concepțiile actuale despre natura spațiu-timpului.
- **Reinterpretarea gravitației:** Explicația gravitației ca un efect al absorbției/sincronizării spațiului de către masă este o interpretare nouă care diferă de viziunea convențională a gravitației ca forță fundamentală.

- **Domeniul de aplicare al teoriei:** Teoria lui Bepe Popu pretinde a fi o "Teorie a Totului", care cuprinde nu doar fenomenele fizice, ci și aspecte ale filosofiei, psihologiei și altor discipline. Această abordare holistică contrastează cu specializarea care caracterizează știința modernă.

Rezumat

Spațiu: analiză, concepte și dovezi.

Fizica actuală definește spațiul într-un mod limitat. O analiză mai profundă relevă caracteristici importante ale spațiului, cum ar fi faptul că este existențial, are formă, permite schimbări și este măsurabil. Teoria propusă de Bepe Popu propune că spațiul este un element activ care permite schimbări și se poate schimba, fiind esențial în funcționarea universului datorită variabilității sale extreme, care a pornit de la inexistent la un volum total în expansiune.

Această teorie oferă dovezi observabile și experimente simple pentru a-și susține afirmațiile. Spațiul este un element de bază esențial pentru Univers și se distinge de dinamism care este un element fundamental al realității. Realitatea cuprinde cicluri de formare și dezintegrare a universurilor, în care spațiul poate fi inexistent. Atât masa, cât și spațiul sunt derivate din dinamism, dinamismul fiind elementul fundamental, însă relevanța spațiului se concentrează în mod specific asupra formării și acțiunii Universului.

Caracteristici ale spațiului conform teoriei:

Esențial pentru formarea și performanța Universului, ușor detectabil ca separare, ușor de creat, permite schimbarea și transformarea, extrem de variabil, responsabil pentru performanță, densitate scăzută, prezintă vâscozitate, incontestabil, activ, o structură a dinamismului, transformabil în masă și viceversa, responsabil pentru gravitație împreună cu un alt element, generabil și manipulabil din elementul fundamental al Realității.

Analiză:

1. **Spațiul este responsabil pentru gravitație:** Gravitația rezultă din existența comună a masei și a spațiului.
2. **Spațiul este ușor de detectat:** este detectat ca separare, dar se necesită referințe.
3. **Spațiul este extrem de variabil:** un experiment simplu susține acest lucru: extragerea incompletă a pistonului unei seringi creează spațiu. Energia, definită ca dinamism structurat, creează spațiu nou.

Spațiul este responsabil pentru schimbările și transformările din univers. Deși masa este implicată, aceasta nu este un element activ în sine. Activitatea se datorează acțiunii spațiului, deși percepția noastră se concentrează asupra masei datorită relevanței sale observaționale.

Pentru a înțelege mișcarea:

1. **Spațiul este definit ca dinamism cu traiectorii indefinite.** Dinamismul este potențialul de schimbare, fundamental pentru Realitate.
2. **Masa este o particulă fundamentală a dinamismului structurat într-o traiectorie omnidirecțională convergentă.**

Această traiectorie este inactivă și nu permite deplasarea, este dinamism neinițiat.

3. **O aglomerare de mase conţine spaţiu, ceea ce face posibilă schimbarea poziției.**
4. **Prin aplicarea de energie (dinamism inițiat cu traiectorie definită) unei aglomerări de mase, traiectoria spațiului intern este definită.** Aceasta va induce la mişcarea aglomerării.

Această explicație, deși simplificată, poate fi greu de înțeles pentru intelectul bazat pe comparație, deoarece masa este mai tangibilă. Totuși, aceasta este prima definiție care susține mişcarea, energia și transferul acesteia. Energia, în această teorie, este definită ca dinamism structurat cu traiectorie definită, adică dinamism inițiat.

Spațiul este un element extrem de variabil în această teorie, trecând de la inexistent la volum total în procesul expansiunii universale. Acest proces începe cu dezintegrarea masei primordiale, o stare de densitate maximă în care toată realitatea este concentrată într-un singur element de masă, iar spațiul nu există.

Absența spațiului împiedică manifestarea gravitației, care este necesară pentru menținerea masei unificate. Masa primordială se dezintegrează, eliberând dinamism care se transformă în spațiu cu traiectorii indefinite și o multitudine de mase reprezentate prin traiectorii convergente definite. Acest proces nedinamic "generează într-o instanță" totalitatea spațiului, ceea ce demonstrează variabilitatea sa extremă.

Spațiul este responsabil de acțiunea universală; atât existența, cât și inexistența sa generează schimbări. Expansiunea creează condițiile pentru gravitație, care inițiază dinamica universului și generează succesiuni de cauze și efecte, rezultând în diversitatea de elemente, acțiuni și interacțiuni actuală.

Contrar a ceea ce se afirmă, spațiul este elementul activ al Universului, nu masa. Masa este o referință inactivă, în timp ce capacitatea variabilă a spațiului îi conferă un caracter activ și inițiat, este relația combinatorie dintre una sau mai multe constante cu o variabilă în matematică.

Spațiul, de magnitudine colosală și densitate redusă, este dinamism fără traiectorii definite. Masa, pe de altă parte, este densă din cauza lipsei de spațiu și prezintă o structurare centrică în traiectoriile sale. Deși intangibil, spațiul este fundamental deoarece permite schimbarea.

În ciuda densității sale scăzute, spațiul are vâscozitate, ceea ce îi conferă proprietăți fizice reale. Deși știința actuală îl definește ca fiind un vid, dintr-o perspectivă materialistă poate fi considerat ca o lipsă de materie, dar va manifesta întotdeauna o magnitudine dinamică, deoarece este dinamism.

Dintr-o perspectivă redusă, concepte precum acțiunea, deplasarea, mișcarea și energia nu pot fi explicate. Vâscozitatea spațiului, evidentă în inerție și accelerație, constrânge și condiționează viteza luminii.

Știința exclude spațiul ca element, probabil din cauza unei prejudecăți față de lucrurile tangibile derivată din evoluția noastră biologică. Cu toate acestea, spațiul este incontestabil și esențial pentru existența și activitatea în univers. Fără spațiu, concepte precum deplasarea, combinația și evoluția ar fi imposibile. Masa este doar o referință inactivă care ocupă un spațiu care permite activitatea, precum frunzele care plutesc pe suprafața unui râu care se mișcă datorită dinamismului apei.

Cunoștințele actuale, bazate pe comparație, utilizează referințe tangibile datorită stabilității și relevanța observațională, dar capacitatea cognitivă umană poate depăși această limitare.

În această teorie, toată realitatea provine din dinamism, inclusiv spațiul. Spațiul, inițial inexistent, se formează marcând un volum total. Înainte de expansiune, tot dinamismul formează doar o masă primordială, a cărei destructurare generează masele și spațiul.

Gravitația rezultă din coincidența dintre spațiu și masă, generând un proces de sincronizare între traiectoriile acestora și transformând spațiul în masă. Acest proces este reversibil și depinde de sprijinul centric format.

Gravitația este fundamentală pentru existența și persistența universului. Aceasta necesită coexistența masei și a spațiului. Fără spațiu, traiectoriile nu se pot manifesta, iar masa nu poate acționa. Gravitația determină agruparea și combinarea maselor, îndeplinind caracteristicile fundamentale ale realității: acțiune, repetiție și acumulare.

Spațiul este ușor de creat din energie (dinamism inițiat), de exemplu prin extragerea incompletă a pistonului unei seringi. Acest proces este reversibil atunci când pistonul este eliberat. Masa, pe de altă parte, este mai dificil de generat din cauza complexității sincronizării traiectoriilor care o definesc.

Realitatea este definită și modelată în traiectorii. Există două tipuri de realități: realitatea obiectivă, care este realitatea fizică și comună, și realitățile subiective, care sunt interpretări individuale ale acestei realități obiective fundamentale.

Realitățile subiective, deși diverse, sunt influențate de traiectoria principală a realității obiective, dar pot prezenta dezvieri. Scopul fundamental al realităților subiective este de a se sincroniza cu realitatea obiectivă pentru a obține cunoașterea absolută, care se realizează printr-un proces continuu de ajustare și corectare.

Până acum, realitățile intelectuale au urmat un curs complicat, dar această teorie propune că este posibilă sincronizarea lor cu realitatea obiectivă, singura Realitate Fizică Fundamentală.

Articolul prezintă o teorie care încearcă să explice relația dintre realitatea obiectivă (fizică și comună) și realitățile subiective (interpretările individuale). Acesta propune că realitățile subiective sunt influențate de realitatea obiectivă, dar se pot dezvia de la aceasta.

Română

Scopul acestor realități subiective este de a se sincroniza cu realitatea obiectivă printr-un proces continuu de ajustare și corecție bazat pe dovezi empirice.

Teoria pretinde să faciliteze această sincronizare prin furnizarea unui cadru conceptual care să permită alinierea realităților subiective la realitatea obiectivă. Pentru a atinge acest scop, teoria trebuie să fie:

1. **Autosusținută:** Bazată pe dovezi clare, irefutabile și inalterabile.
2. **Coerentă:** Argumente logice, coerente și susținute empiric.
3. **Imună la manipularea probelor:** probe clare, irefutabile, transparente și oneste.
4. **Aplicabilă în practică:** nu numai conceptual, ci și util în realitate.

Teoria utilizează conceptul de "traiectorie" pentru a explica realitatea, deoarece dinamismul, elementul fundamental al realității, se manifestă în masă și spațiu. Traiectoriile sunt esențiale pentru a înțelege modul în care dinamismul se transformă și acționează în univers.

Dinamismul, care poate fi tangibil sau intangibil, este detectat prin masă și spațiu. Pentru a înțelege traiectoriile, este necesar să luăm în considerare universul volumetric, unde acestea se manifestă datorită prezenței spațiului.

Masa, deși compusă din dinamism, nu are traiectorii funcționale sau active, deoarece este dinamism neinițiat. Spațiul, de asemenea compus din dinamism, are traiectorii nedefinite care se manifestă doar în prezența masei. Ambele sunt stări de potențialitate ale dinamismului.

Energia este un dinamism inițiat, cu traiectorii active care implică direcție și potențial de schimbare. Ea este fundamentală pentru funcționarea și evoluția Universului.

Un univers numai cu masă ar fi compact și inert, în timp ce unul numai cu spațiu ar fi volumetric, dar de asemenea inert. Combinația de masă și spațiu generează energie, inițiind activitatea dinamică a universului (schimbări și combinații).

Masa are traiectorii convergente sprijinite care împiedică deplasarea, în timp ce spațiul are traiectorii nedefinite care permit orice schimbare de poziție, precum mișcări sau deplasări. Atunci când interacționează, traiectoriile spațiului sunt definite în funcție de cele ale masei.

Masa și spațiul se pot transforma reciproc. Dacă spațiul își sincronizează traiectoriile cu cele ale masei, acesta devine masă. Acest proces este reversibil: prin afectarea sprijinului centric al masei, masa se transformă în spațiu, fragmente de masă și energie.

Masa și spațiul sunt structuri ale dinamismului, inerte prin ele însele. Dinamismul este potențialitatea schimbării, iar atunci când aceasta este inițiată, se manifestă ca energie.

Înțelegerea realității prin intermediul traiectoriilor, fie ele potențiale sau inițiate, este mai precisă decât utilizarea elementelor tangibile sau intangibile. Percepția masei și a spațiului se datorează configurației noastre structurale ca o aglomerare de masă structurată, dar în realitatea obiectivă există doar traiectorii.

Dinamismul, potențialitatea inerentă a realității, se manifestă ca masă "structurată" și spațiu "structurabil". Interacțiunea lor declanșează acțiunea și manifestarea realității.

Starea de "NIMIC" este o potențialitate absolută și necondiționată, fără magnitudini definite, spre deosebire de masă și spațiu sau de realitate ca întreg. Deși starea de "NIMIC" nu este definită de dinamism, ea reprezintă o capacitate potențială absolută. Dinamismul, pe de altă parte, este capacitatea de a genera schimbări pe baza unei magnitudini definite și condiționate, fiind fundamental pentru univers și Realitate.

Teoria postulează două stări: Nimic (potențialitate neinițiată fără limite) și Actual (schimbare de stare din Nimic, cu formarea primei referințe primordiale). Această referință primordială capabilă să producă schimbarea de stare trebuie să îndeplinească trei condiții pentru a persista: funcționalitate, repetabilitate și auto-augmentare.

Aceste condiții sunt deduse din funcționarea reală a Universului și a sistemelor sale, unde fiecare sistem îndeplinește aceste caracteristici pentru a persista. Realitatea însăși este condiționată de aceste caracteristici.

Funcționalitatea realității este prezentată precum ciclică, bazată pe succesiuni de universuri. Un ciclu începe cu Masa Primordială, care se dezintegrează, generând o varietate de mase și spațiu. Dezintegrarea, numită "expansiune", este o scădere a densității cu augmentarea volumetrică a Realității însăși.

Densitatea extremă a masei primordiale împiedică acțiunea, dar la dezintegrarea sa odată cu formarea spațiului permite componentelor formate să acționeze, transformând realitatea din inertă în dinamică și funcțională.

Realitatea, deși tangibilă și funcțională, pornește de la o stare intangibilă și neinițiată (Nimic).

Paradoxuri și funcționări neobișnuite:

- **Nimic:** Existența nimicului implică propria sa inexistență, făcând din acesta o stare de potențialitate maximă fără limite.
- **Atemporalitatea:** Timpul este un concept referitor la succesiunea cauzelor și efectelor, iar într-o stare neinițiată nu există percepție temporală. Un observator intern percepe timpul doar atunci când sistemul este activ, în timp ce un observator ipotetic extern va percepe o continuitate temporală.
- **Tangibilitate:** este o percepție comparativă bazată pe diferența de consistență și densitate dintre elemente. Dacă totul ar avea aceeași consistență, tangibilitatea ar dispărea.

Expansiune prin transformare:

Realitatea nu se expande în sensul tradițional, ci își modifică densitatea. Tot ceea ce este măsurabil este inclus în realitate, deci nu poate fi măsurat dintr-un exterior deoarece tot ceea ce este existențial este inclus în realitatea însăși. Realitatea este compusă din structuri variate ale unui element fundamental, dinamismul.

Expansiunea seamănă cu o bucată de gheață carbonică într-un balon: pe măsură ce se topește, volumul crește datorită schimbării densității, detectându-se similitudini cu ceea ce se postulează pentru expansiune. În realitate, dinamismul se transformă din intangibil (spațiu) în tangibil (masă) și viceversa.

Masa și spațiul sunt dinamism neinițiat, în timp ce energia este dinamism inițiat și produce acțiune. Diferența de densitate dintre masă și spațiu definește tangibilitatea.

Augmentare dinamică:

Intensificarea dinamicii este observată doar la nivel global și este o parte funcțională a realității. Dovezile observaționale la deplasarea spre roșu în universul actual sugerează o augmentare treptată a dinamismului.

Gravitația, o interacțiune între masă și spațiu, apropie masele între ele, ajungând la formarea unei mase colosale care va cuprinde tot dinamismul și va rezuma realitatea. Cu toate acestea, absența spațiului împiedică manifestarea gravitației, provocând dezintegrarea masei și generarea spațiului, dând naștere unei noi manifestări universale.

Acest proces ciclic de unificare și dezintegrare va duce la augmentarea dinamismului în fiecare ciclu, deoarece dezintegrarea este non-dinamică, iar reintegrarea este dinamică, permițând accelerarea.

Pe scurt, augmentarea volumetrică se datorează lipsei unei condiții (spațiu), ceea ce determină o dezintegrare nondinamică. Atunci când condiția este restabilită, are loc reintegrarea, de data aceasta dinamică, generând o augmentare a dinamismului sistemului.

Origine intangibilă sau imaterială:

Realitatea, deși percepută ca fiind tangibilă, are o origine intangibilă. Dinamismul, elementul fundamental, se manifestă atât ca tangibil (masă), cât și ca intangibil (spațiu). Nu este nici una, nici alta, ci capacitatea de schimbare care cuprinde ambele stări. Energia, una dintre manifestările sale, este dinamismul inițiat și structurat într-o traiectorie direcțională. Originea existenței pornește de la o stare neinițiată numită Nimic.

Conservare:

Dinamismul se păstrează și crește datorită schimbării de stare de la Nimic la Real. Știința confirmă că masa și energia se transformă, ele nu dispar. Dinamismul nu poate dispărea și se conservă în Realitate, un sistem închis fără transferuri externe. Inversarea procesului dinamic ar implica oprirea tuturor proceselor, ajungându-se la o stare similară cu cea de origine, dar care nu va fi persistentă din lipsă de spațiu. Conservarea dinamismului permite augmentarea, explicând amploarea universului și principiile conservării masei și energiei.

Augmentarea volumetrică și materială:

Universul observabil, vast și plin de elemente materiale, contrazice o stare inițială de Nimic. Evoluția implică o augmentare datorată conservării și acumulării dinamismului. Dacă dinamismul augmentează, la fel va augmenta și Realitatea. Tot ceea ce există derivă din dinamism, astfel încât augmentarea acestuia generează mai mult spațiu, materie, acțiuni și interacțiuni. Augmentarea dinamismului va duce la o augmentare volumetrică, materială și dinamică a Realității.

Perspectivă închisă:

Această viziune asupra realității este limitată, deoarece provine de la un intelect din interiorul realității însăși. Cu toate acestea, ea se bazează pe observații funcționale intrinseci realității, accesibile oricărui observator cu o capacitate cognitivă similară.

Puncte cheie ale teoriei:

- **Starea de "nimic":** este o stare fără timp, fără legi fizice sau limitări, de potențialitate pură, în care totul este posibil. Este o stare neinițiată.
- **Prima referință:** apare spontan din starea de "nimic" și trebuie să fie funcțională, repetitivă și cumulativă pentru a persista și a genera realitatea.
- **Dinamism:** Elementul fundamental din care derivă totul (masa și spațiul). Neinițiat este masa sau spațiul, inițiat este energia.
- **Expansiune prin transformare:** Realitatea își pierde densitatea după ce dinamismul este structurat și transformat într-o singură traiectorie convergentă, generând o augmentare volumetrică.
- **Mărirea dinamică:** Augmentul dinamismului augmentează realitatea însăși, inclusiv acțiunile, componentele și spațiul. Este un proces ciclic datorat interacțiunii dintre masă și spațiu, care generează gravitație și permite accelerarea.
- **Timpul ca interpretare:** Timpul nu este o entitate fundamentală, ci o interpretare intelectuală a succesiunilor de cauze și efecte.
- **Conștiința:** structură complexă de dinamism care poate genera schimbări în realitate.
- **Liberul arbitru și scopul:** Liberul arbitru este limitat de legile, condițiile și caracteristicile fiecărei realități. Scopul existenței este funcționalitatea, pentru a asigura persistența, manifestându-se prin instinctul de perpetuare în cazul vieții.

Detaliat

Spațiu: analiză, concepte și dovezi

În fizica actuală, spațiul este definit ca o entitate geometrică în care obiectele fizice interacționează, iar evenimentele au poziție și direcție. Cu toate acestea, această definiție nu aprofundează natura și rolul fundamental al spațiului în realitate.

O analiză mai detaliată relevă principalele caracteristici și proprietăți ale spațiului:

1. Este un element existențial.
2. Are o formă.
3. Este un cadru pentru acțiune.
4. Permite modificări.
5. Permite schimbarea situațională.
6. Acesta poate fi măsurat.
7. Are cel puțin o magnitudine proprie.
8. Spațiul este incontestabil.

Aceste caracteristici sugerează că spațiul este un element existențial, fundamental și incontestabil.

Teoria propusă de Bepe Popu merge mai departe, considerând spațiul ca un element activ care nu numai că acționează ca un cadru pentru schimbare, dar se schimbă și pe sine. Este elementul responsabil de schimbare și, datorită caracteristicilor sale extrem de variabile (de la inexistent la volum maxim în expansiune), devine un element de mare importanță în Univers.

Cu toate acestea, aceste afirmații necesită o justificare. Sunt necesare dovezi și, dacă este posibil, ar trebui prezentate sau propuse experimente pentru a demonstra că spațiul poate fi creat și, dacă există legătură cu alte elemente, aceste legături trebuiesc definite.

Română

Teoria Bepe Popu consideră spațiul ca fiind un element esențial de bază pentru existența și manifestarea Universului, dar care nu trebuie confundat cu elementul fundamental al Realității, Dinamismul, din care derivă celelalte elemente esențiale de bază. Realitatea, în această teorie, cuprinde formarea și dezintegrarea Universurilor într-o acțiune ciclică.

Conform acestei teorii, atât masa (tangibilul), cât și spațiul (intangibilul) sunt formate dintr-un element fundamental care definește Realitatea însăși, dar în performanța Realității există etape în care spațiul este inexistent, astfel încât relevanța sa este concentrată în performanța Universului (performanța universală).

Caracteristici și proprietăți ale spațiului conform teoriei prezentate:

- Element esențial pentru Univers.
- Ușor de detectat (ca separare).
- Acesta poate fi creat cu ușurință.
- Permite schimbarea și transformarea.
- Extrem de variabilă.
- Responsabil pentru acțiune.
- Densitate redusă.
- Are vâscozitate.
- Este un element incontestabil.
- Este un element activ.
- Este o structurare a dinamismului.
- Acesta poate fi transformat în masă.
- Conversie reversibilă, în și din dinamism.
- Este unul dintre cele două elemente responsabile de formarea, manifestarea și persistența gravitației.
- Poate fi generat și manipulat pe baza elementului fundamental al Realității.

Analiză punct cu punct:

Ca element esențial pentru formarea, performanța și persistența Universului, se remarcă următoarele puncte:

- **Spațiul este responsabil pentru gravitație:** Teoria postulează că gravitația este un efect inevitabil care rezultă din existența comună a masei și a spațiului. Astfel, spațiul devine un element indispensabil pentru gravitație, deoarece dacă una dintre aceste două componente lipsește, gravitația nu se poate manifesta.
- **Spațiul este ușor de detectat:** Această afirmație este valabilă deoarece este detectat ca separare, dar pentru detectarea sa sunt necesare referințe, datorită metodei noastre de procesare intelectuală comparativă.
- **Spațiul este extrem de variabil:** teoria propune un experiment simplu pentru a susține această afirmație: astupați duza unei seringi și extrageți pistonul. Atunci când se aplică energie pentru a trage pistonul în afară, în interiorul seringii se creează un nou spațiu care înainte nu exista. Acest lucru poate fi detectat cel mai bine prin izolarea experimentului în interiorul unui balon cu aer: se va observa că extragerea incompletă a pistonului generează volum. Acest experiment este reversibil; dacă pistonul este eliberat, spațiul dispare și energia este recuperată. Deși știința actuală are alte explicații pentru acest experiment, nicio explicație nu poate infirma formarea spațiului nou, fără a utiliza termeni subiectivi precum "nimic" sau "vid", termeni care nu sunt bine definiți de știința însăși. În concluzie, formarea spațiului prin aplicarea de energie nu poate fi negată, în condițiile în care această teorie definește energia ca dinamism inițiat structurat pe o traiectorie definită.

Spațiul ca motor al schimbării și transformării:

Spațiul facilitează schimbarea și transformarea, deși implică întotdeauna masa, aceasta din urmă nu este un element activ. Activitatea se datorează acțiunii pe care o permite spațiul, chiar dacă observațiile noastre și procesarea cognitivă ne spun altceva datorită relevanței observaționale a masei. Pentru o mai bună înțelegere, deplasarea va fi definită pe baza teoriei propuse de Bepe Popu.

Pentru a înțelege deplasarea, trebuie mai întâi să definim spațiul: dinamism cu traiectorii indefinite, unde dinamismul este potențialul de schimbare și singurul element fundamental al realității. Pentru a defini deplasarea, să luăm în considerare o aglomerare de mase. Masa este o particulă fundamentală a dinamismului definită de dinamismul structurat într-o traiectorie convergentă. Această traiectorie convergentă indică o magnitudine dinamică inactivă, deoarece este o traiectorie sprijinită central în masa pe care o definește. Deși ar putea manifesta o magnitudine cu capacitatea de a genera schimbări, aceasta nu le va manifesta deoarece nu prezintă o traiectorie activă; este un dinamism neinițiat. Dar, o aglomerare de masă este definită precum mai multe particule fundamentale de masă cu separare, unde separarea definește spațiul.

Dacă masa ca particulă singulară este dinamism neinițiat, ea nu va putea manifesta o acțiune dinamică, deci nu poate genera deplasări prin ea însăși. Cu toate acestea, dacă este o aglomerare de particule de masă, ea va fi o aglomerare de mase care conțin spațiu. Acest spațiu îi conferă capacitatea deași schimba poziția într-un spațiu cu traiectorii indefinite. Vor trebui definite doar traiectoriile spațiului intern cuprins de aglomerarea de mase.

Apoi, aplicând energie unei aglomerări de mase (unde energia este un dinamism inițiat definit de o traiectorie direcțională definită), traiectoria aplicată va defini traiectoria spațiului compus în aglomerarea de mase. Ca urmare, va rezulta un spațiu intern cu traiectorie definită prin aplicarea energiei, înglobat în aglomerarea de mase, ignorând părțile de masă care definesc aglomerarea, avem un spațiu izolat cu traiectorie definită situat într-un spațiu global cu traiectorii indefinite, de unde se poate deduce o deplasare a aglomerării în funcție de traiectoria spațiului cuprins în aceasta.

Această argumentare, deși se bazează pe o explicație simplă și rezumată în traiectorii, poate fi dificil de procesat pentru intelecte bazate în comparație, deoarece cel mai detectabil este aglomerația în ansamblu, detectânduse doar elementele tangibile, ignorânduse spațiul, deci văzută în elemente este o interpretare materială mai compatibilă cu o capacitate cognitivă comparativă datorită naturi noastre tangibile, dar foarte incompletă. Cu toate acestea, definiția bazată pe traiectorii, este prima definiție care susține și poate explica deplasarea, energia și transferul de energie, amintindu-ne că energia în această teorie este definită ca dinamism structurat într-o traiectorie direcțională definită, deci este dinamism inițiat.

Spațiul ca element extrem de variabil:

Această teorie prezintă un sistem funcțional ciclic pentru a defini realitatea, unde o parte din funcționarea și performanța realității este Universul. Această teorie definește realitatea ca o succesiune de universuri, unde universul este starea volumetrică a realității, iar volumetric implică o densitate scăzută, ceea ce implică o magnitudine considerabilă a spațiului.

Această teorie prezintă începutul unui ciclu ca o dezintegrare a dinamismului compactat într-un singur element numit "masă primordială", datorită structurii sale convergente. În starea cea mai densă, întreaga realitate este rezumată la un singur element de masă, astfel încât spațiul este inexistent, deoarece tot dinamismul care definește realitatea formează un singur element de masă. Teoria propune că, din cauza lipsei spațiului, masa se va dezintegra, deoarece nu manifestă gravitație pentru a se menține ca element unic de masă.

Reamintim că existența și persistența gravitației necesită prezența masei și a spațiului, dar în acest caz, spațiul nu este prezent.

Apoi, masa își pierde structura și proprietatea de element structural unic format din dinamism, provocând o dezintegrare nondinamică, în care o parte din dinamismul care a definit masa primordială va pierde structura traiectoriilor sale și sprijinul central, generând spațiul definit de traiectorii indefinite. În concluzie, spațiul este generat de un singur element numit anterior masă primordială. Acest act de dezintegrare reprezintă Expansiunea non-dinamică, rezultând o multitudine colosală de elemente de magnitudini mai mici care vor rămâne structurate, distribuite într-un spațiu colosal. Astfel, totalitatea volumetrică a spațiului este generată într-un proces non-dinamic și într-un instant.

În concluzie, spațiul pornește de la inexistent la un volum total în expansiune, ceea ce îi conferă un caracter extrem de variabil.

Spațiul este responsabil pentru performanța universală. Atât existența, cât și inexistența sa produc acțiuni sau schimbări de stare și de poziție. Odată cu expansiunea, sunt create condițiile pentru gravitație; odată cu gravitația, universul își începe dinamica, transformându-se într-un sistem funcțional care generează succesiuni de cauze și efecte. Aceste succesiuni vor determina toate actuațile și combinațiile universului, rezultând varietatea actuală de componente, materie și acțiuni. Contrar a ceea ce s-a stabilit, elementul activ al Universului este un element intangibil pe care îl cunoaștem sub numele de separare sau pe care această teorie îl numește Spațiu, datorită caracteristicilor și proprietăților sale. Acest lucru își are logica sa conform teoriei prezentate, deoarece masa este doar referința care nu îi conferă un caracter activ și, datorită structurării traiectoriilor sale sprijinite central, indică un element static, deși are potențial, acesta nu este inițiat. Pe de altă parte, capacitatea variabilă a spațiului îi conferă un caracter activ care indică o stare inițiată chiar dacă permite doar schimbarea.

Spațiul este o magnitudine volumetrică colosală, care indică o densitate structurală redusă; este un dinamism fără traiectorii definite.

Magnitudinea spațiului definește densitatea elementelor structurate sau nestructurate. Masa, ca element neinițiat care nu manifestă dinamism, este un element extrem de dens, unde densitatea extremă se datorează lipsei de spațiu, ceea ce face imposibilă manifestarea traiectoriilor interne. În această teorie, datorită densității scăzute, spațiul este numit un element intangibil, dar de o importanță considerabilă ca element activator universal pentru a permite schimbarea.

Deși este definit prin densitatea sa scăzută, spațiul prezintă un grad de vâscozitate care îi conferă un caracter real cu proprietăți fizice, chiar dacă este adesea definit de științele actuale ca o lipsă de orice, un vid sau nul. Privit dintr-o perspectivă materială redusă, luând în considerare doar masa sau tangibilul, aceste afirmații pot avea o anumită validitate, deoarece spațiul poate fi considerat o lipsă totală de materie, dar va manifesta întotdeauna un anumit grad de energie ca dinamism.

Privind din această perspectivă materială redusă, nu va fi posibil să se explice acțiunea, deplasarea, mișcarea și nici energia, rămânând doar ca concepte impuse care sunt adesea definite ca fundamentale în lipsa unei definiții concrete pe baza cauzelor anterioare, fiind rezumate doar în termeni de efecte. Vâscozitatea spațiului este evidentă și ușor de experimentat, chiar prin propria noastră structură în accelerație, dar ea definește și restricționează chiar și limita observată pentru viteza luminii. Vâscozitatea și consistența spațiului sunt cunoscute și chiar definite de știință ca inerție. Orice schimbare de poziție a aglomerărilor de masă în spațiu va prezenta inerția care susține vâscozitatea spațiului.

Știința, deși confirmă existența sa, o exclude ca element fundamental. Acest lucru se datorează naturii biologice tangibile și percepției senzoriale, modelată de evoluție pentru a detecta în principal amenințările tangibile, care a favorizat adaptarea structurală și conservarea, permițând perpetuarea într-un mediu material. Spațiul sau separarea este de necontestat ca parte existențială a realității însăși. Importanța sa este extrem de relevantă: fără spațiu, deplasarea ar fi imposibilă, iar de aici derivă alte efecte precum combinarea, evoluția și altele. În concluzie, masele sunt doar referințe inactive într-un spațiu care permite activitatea. Ca exemplu ipotetic, masele sunt ca frunzele de pe suprafața unui râu, care conform științei actuale ca interpolare cu masele în univers, se consideră că frunzele ipotetice formează acumulări pentru că interacționează între ele într-un fel sau altul, când de fapt acțiunea dinamică observată este doar o consecință a dinamismului râului. Ignorarea spațiului este ca și ignorarea râului, lăsându-ne doar cu o definiție primitivă a modului în care acționează frunzele.

Din analogia cu râul și frunzele, se poate concluziona caracterul activ al râului care este transmis și intervine în caracterul individual inactiv al frunzelor. Dar intelectul nostru, sau orice intelect, indiferent de capacitatea sa actuală cognitivă comparațională, folosește întotdeauna ca referință părțile cu cea mai mare tangibilitate, din cauza caracterului puțin schimbător al acestora. Capacitatea cognitivă comparativă utilizează întotdeauna referințe pentru a procesa diferențele și aproape întotdeauna aplică diferențele la aceleași referințe, chiar dacă referințele sunt constante. Reamintim că, pentru o evoluție biologică adecvată, prelucrarea bazată pe comparație a fost și este esențială pentru perpetuare sau pentru a asigura persistența într-un mediu material, cu pericole materiale, dar capacitatea cognitivă umană marchează o diferență.

Conform teoriei căreia îi aparține acest articol, întreaga realitate este structurată dintr-un singur element fundamental numit dinamism. Prin urmare, Spațiul este o structurare sau derivare a aceluiași dinamism. Spațiul pornește de la non-existență pentru a ajunge la un volum total în expansiune. Înainte de expansiune, dinamismul formează doar o structură convergentă care va defini un singur element, pe care teoria îl definește ca Masa Primordială. Destructurarea masei primordiale eliberează tot potențialul său dinamic, care este transformat în părți de masă și spațiu. Aceste mase, variate ca magnitudine, se vor plasa într-un spațiu în formare; este o augmentare intermediară, o separare. Deși din punct de vedere al tangibilității separarea a fost considerată ca o lipsă de materie sau adesea definită ca neant sau vid, această separare este formată din dinamismul care sa destructurat din masa primordială, care a fost dinamism pur structurat într-o traiectorie de intrare convergentă sprijinită centric, unde acest sprijin a fost menținut doar pe perioada în care gravitația s-a manifestat. Cu toate acestea, datorită dispariției totale a spațiului, gravitația va înceta să se manifeste, afectând sprijinul. Dispariția sprijinului, datorită lipsei gravitației, va elibera întreaga magnitudine a dinamismului, inițiind procesul anterior inactiv și generând un proces dinamic de transformare și acțiune. Astfel, atât masele rezultate, cât și spațiul format sunt o transformare a dinamismului conținut anterior în masa primordială.

Până în prezent, s-a făcut referire la masă, masa primordială și masele ca aglomerări. Această teorie postulează faptul că coincidența dintre spațiu și masă generează în mod inevitabil un efect numit gravitație. Formarea acestui efect este consecința sincronizării traiectoriilor care definesc spațiul cu traiectoriile care definesc masa ca element. Deoarece masa este definită de traiectorii convergente, acestea indică o traiectorie de intrare, în timp ce traiectoriile care definesc spațiul sunt nedefinite. Atunci, dacă există o coincidență, traiectoriile masei vor defini traiectoriile spațiului în zona de coincidență și, deoarece singurele lor diferențe sunt traiectoriile, se va ajunge la transformarea spațiului în masă, provocând o diminuare a spațiului și o augmentare a masei. Dacă această diminuare este intermediară, va genera apropiere, dar întotdeauna va provoca și o diminuare a spațiului global care va diminua datorită sincronizării, până la dispariția sa completă, formând doar o structură convergentă numită masă primordială. În concluzie, spațiul se transformă în masă datorită efectului inevitabil de sincronizare care generează un efect cunoscut sub numele de gravitație.

Astfel, spațiul este dinamism nestructurat care poate fi transformat în masă, deci spațiul este transformat în masă într-un proces de sincronizare. Acest proces de transformare este reversibil și depinde doar de sprijinul centric format. Reversibilitatea poate fi detectată în exploziile nucleare, unde o cantitate mică de masă generează o explozie colosală. Acest lucru se datorează afectări sprijinului centric care definește masa constitutivă a atomilor care formează materia, deci este un efect subatomic, care transformă elementul constitutiv atomic, stabil și inactiv datorită sprijinului centric, într-un element activ care se va transforma în spațiu și în alte elemente precum masa și energia.

Spațiul este unul dintre cele două elemente responsabile de formarea, manifestarea și persistența gravitației. Condiția existențială pentru gravitație este coexistența masei și a spațiului. Gravitatea, în această teorie, este prezentată ca un proces de sincronizare a traiectoriilor care definește dinamismul sub formă de spațiu cu dinamismul sub formă de masă. Astfel, spațiul este o condiție existențială pentru traiectorii; dacă nu există spațiu, traiectoriile nu se pot manifesta, deci masa, deoarece nu conține spațiu, nu poate manifesta traiectoriile; dar chiar dacă traiectoriile nu se manifestă, vor rămâne persistente menținându-și potențialul dinamic, vor fi inactive, deci nu vor acționa. O masă, este definită de traiectorii, deci va avea nevoie de spațiu pentru a persista. Acest spațiu poate fi doar extern, care, datorită sincronizării, va diminua, generând o augmentare a magnitudinii dinamice a masei sincronizatoare, cea ce indică o augmentare a dinamismului. Gravitația generează apropierea dintre mase dacă se dă condiția intermediară, generând acțiunea care va induce combinațiile elementelor. Persistența structurală a masei implică o acțiune continuă inevitabilă datorită sincronizării permanente a spațiului cu masa atâta timp cât spațiul și masa coexistă. Aceasta va defini funcționalitatea sistemului, care va trebui să respecte caracteristicile fundamentale descrise pentru ca realitatea însăși sa fie persistentă: aceste caracteristici fundamentale sunt: acțiunea, repetiția și acumularea.

Spațiul este foarte ușor de creat din energie, energia este descrisă ca dinamism inițiat cu o traiectorie direcțională definită. Este la fel de simplu de creat precum ai trage de pistonul unei seringi: spațiul rezultat în interiorul seringii este un spațiu nou format. Reversibilitatea se realizează prin eliberarea pistonului, rezultând în dispariția spațiului din seringă și generarea de energie. Este un proces reversibil aproape perfect, pierzându-se doar energia utilizată pentru a învinge frecarea. Masa, pe de altă parte, este mai dificil de generat din cauza sincronizării convergente a traiectoriilor care o definesc.

Realitatea ca traiectorie:

Realitatea, ca dinamism, este definită în traiectorii și modelată de acestea. Cu toate acestea, în această teorie se fac referiri la alte realități înglobate în realitatea obiectivă: realități subiective, la fel de numeroase ca intelecturile existente.

Dacă realitatea obiectivă își urmează traiectoria și realitățile intelectuale fac parte din ea, traiectoriile care le definesc pe acestea din urmă vor fi influențate de traiectoria principală stabilită de realitatea obiectivă, deși pot exista dezvieri.

Traiectoria ideală a realității intelectuale ar trebui să fie perfect sincronizată cu traiectoria definită de realitatea obiectivă, realitățile intelectuale sunt într-o sincronizare continuă, făcând din acest proces scopul fundamental al realităților subiective.

Până la apariția acestei teorii, traiectoriile urmărite de realitățile intelectuale au urmat un curs complicat, învârtindu-se în jurul traiectoriei principale marcate de Realitate, deși ocazional au existat coincidențe. Totuși, această teorie este capabilă să sincronizeze traiectoriile oricărei realități intelectuale care intră în contact cu realitatea obiectivă, singura Realitate fizică.

Ce vrea să transmită textul superior?

Articolul prezintă o teorie care încearcă să explice relația dintre realitățile obiective și subiective *în baza teoriei propuse de Bepe Popu*, folosind conceptul de "traiectorie" ca un concept pentru a descrie procesul dinamic pe care îl urmează aceste realități.

Realitatea obiectivă este realitatea fizică, tangibilă, împărtășită de toate intelecturile. **Realitățile subiective** sunt interpretările individuale ale acestei realități, modelate de cunoștințele și capacitățile cognitive care definesc fiecare intelect.

Teoria postulează că realitățile subiective, deși diverse, sunt influențate de realitatea obiectivă căreia îi aparțin. Altfel spus, percepțiile și interpretările sunt condiționate de realitatea fizică. Cu toate acestea, aceste realități subiective nu se aliniază întotdeauna perfect cu realitatea obiectivă și pot exista dezvieri datorate inerției sau proceselor dinamice deviatoare.

Articolul sugerează că obiectivul fundamental sau scopul fundamental al realităților subiective este sincronizarea cu realitatea obiectivă. Această sincronizare se realizează printr-un proces continuu de ajustare și corectare, în care intelectul își confruntă cognițiile și percepțiile cu dovezi empirice.

Teoria prezentată în articol susține că poate facilita această sincronizare prin furnizarea unui cadru conceptual care permite realităților subiective să se alinieze realității obiective.

Pentru ca teoria propusă să își atingă scopul ambițios de sincronizare a realităților subiective cu realitatea obiectivă, aceasta trebuie să îndeplinească riguros anumite condiții fundamentale:

1. **Autosusținere:** teoria trebuie să se bazeze pe dovezi observaționale clare care să fie ușor de înțeles pentru intelectele cărora i se adresează. Aceasta implică faptul că dovezile care o susțin trebuie să fie accesibile și verificabile, fără a fi nevoie de cunoștințe specializate sau de interpretări o experimente complexe.
2. **Coerența argumentelor sale:** Argumentele teoriei trebuie să fie logice, coerente și necontradictorii. În plus, acestea trebuie să fie susținute de dovezi empirice solide, astfel încât să nu poată fi ușor combătute. Aceasta implică evitarea oricărui tip de

impunere sau manipulare a informațiilor pentru a forța acceptarea teoriei.

3. **Imposibilitatea manipulării probelor:** Dovezile care susţin teoria trebuie să fie imune la orice formă de manipulare, fie prin interpretare părtinitoare, fie prin impunerea unor idei preconcepute sau ascunderea unor date contradictorii. Transparența și onestitatea în manipularea probelor sunt fundamentale pentru a asigura validitatea și fiabilitatea teoriei.

Condiție suplimentară:

În plus față de condițiile de mai sus, teoria trebuie să îndeplinească o a patra cerință fundamentală:

4. **Aplicabilitate practică:** teoria nu trebuie să fie doar solidă din punct de vedere conceptual, ci și aplicabilă în practică.

Realitatea ca traiectorie?

Dar, de ce traiectorii? Traiectoriile, în intelecturile comparative, se aplică întotdeauna altor entități numite referințe, iar traiectoriile vor fi întotdeauna diferențe. Această problemă este rezolvată în intelecturile capabile de procesare logică, folosind doar o singură referință, care va fi realitatea însăși.

Dovezile oferite de realitatea însăși sunt întotdeauna irefutabile, deși interpretările depind de nivelul cognitiv și de tot ceea ce implică acesta, cum ar fi cunoștințele și capacitatea de procesare logică, folosind doar referințe la dovezi empirice extrase din realitatea însăși. Chiar dacă se folosesc referințe la dovezi empirice extrase din realitatea însăși, capacitatea cognitivă influențează direct procesarea, deoarece o capacitate de procesare insuficientă generează interpretări prin adăugarea de referințe fictive, influențând direct rezultatul procesării. Cogniția conduce întotdeauna la un rezultat, deoarece este o succesiune de cauze care generează un efect inevitabil, iar acest efect inevitabil este rezultatul, chiar dacă nu este neapărat corect este inevitabil.

Continuăm să explicăm De ce traiectorii?

Conform acestei teorii, elementul fundamental din care se formează și evoluează realitatea este dinamismul, care nu este chiar un element așa cum suntem obișnuiți. Nu este ceva complet definit ca tangibil sau intangibil, chiar dacă se poate manifesta în ambele stări de structurare, dinamismul este întotdeauna detectat prin manifestarea sa în prezența a două elemente: Masa (tangibilul) și Spațiul (intangibilul). Pentru manifestarea și funcționarea Universului, această teorie definește trei elemente de bază: Masa, Spațiul și Dinamismul, din care derivă toate celelalte. Nu confundați Universul cu Realitatea însăși, deoarece Universul este starea volumetrică a realității, deși în stadiul său funcțional toată realitatea se va rezuma la existența sa. Pentru a înțelege de ce traiectoriile, va trebui explicat doar stadiul în care traiectoriile se pot manifesta, deoarece traiectoriile au nevoie de spațiu pentru a se manifesta și se vor manifesta doar în prezența spațiului care definește un univers volumetric.

Masa, deși este un element compus din dinamism, nu prezintă nicio funcționare și nu manifestă nicio traiectorie deoarece este reprezentată de un dinamism neinițiat. Prin urmare, ea nu produce schimbări prin ea însăși, dar aceasta nu înseamnă că nu i se pot aplica schimbări.

Spațiul este, de asemenea, un element compus din dinamism, dar cu traiectorii nedefinite. Aceasta înseamnă că el permite manifestarea de tot felul de traiectorii, dar nu le poate manifesta de la sine până când nu îi permite să facă acest lucru. Este o formă de dinamism care, deși are traiectorii, acestea sunt nedefinite. Prin urmare, este un dinamism care, deși poate manifesta orice traiectorie, nu are o direcție definită.

În conformitate cu definițiile masei și spațiului, ambele sunt structuri cu caracteristici "contradictorii, dar complementare" ale dinamismului, unde dinamismul reprezintă o magnitudine a potențialității. Ele sunt ca două aspecte diferite ale aceleiași realități subiacente. Aceste două elemente reprezintă două stări de potențialitate ale dinamismului.

Starea inițiată de dinamism o detectăm ca varietatea energiei, care este, de asemenea, un element compus din dinamism, dar inițiat. Aceasta indică prezența unor traiectorii active, nu doar potențiale, ceea ce implică o direcție care reprezintă potențialitatea de schimbare activă. După cum s-a postulat, acest ultim element de dinamism inițiat este cel mai important pentru acțiunea și evoluția Universului, adică implică formarea, acțiunea și augmentarea, care permit Universului să persiste.

1. Dacă ar fi disponibilă doar Masa, am avea un univers compactat și inert (ne inițiat, deși ar fi potențial).
2. Dacă ar fi disponibil doar Spațiul, am avea un Univers volumetric inert (neinițiat, deși ar avea un potențial indicând potențialitate).
3. Dacă există mase care ocupă un spațiu, un al treilea element va fi generat inevitabil prin inițiere, ca urmare a coexistenței unui element structurat și a altuia structurabil. În acest moment, universul va începe să acționeze. (reprezentând o potențialitate inițiată prin coexistență).

Formarea activității dinamice se datorează combinației dintre caracteristicile structurale ale elementelor Masă și Spațiu. Masa este reprezentată ca fiind compusă din dinamism structurat într-o traiectorie omnidirecțională convergentă care generează un suport (sprijin) centric ce împiedică manifestarea deplasării, deci sunt traiectorii potențiale. Cu toate acestea, dacă masa este plasată într-un spațiu în care traiectoriile sunt nedefinite, acestea se vor defini în funcție de traiectoriile potențiale ale masei. O traiectorie potențială este o traiectorie care nu se poate manifesta din cauza unui contrapotențial anulator sau a lipsei de spațiu. În cazul structurării convergente a masei, ambele condiții sunt îndeplinite: traiectoriile sunt sprijinite central într-un element fără spațiu.

Proprietatea elementelor pentru spațiu și masă derivă din capacitatea lor de transformare. Dacă spațiul își sincronizează traiectoriile cu traiectoria masei, va avea loc o conversie sau transformare a spațiului în masă, rezultând o diminuare a spațiului cu o augmentare potențială dinamică a masei. Acest proces este reversibil: dacă sprijinul centric este afectat, traiectoriile potențiale ale masei vor începe să se manifeste, generând spațiu și un proces dinamic pe care îl cunoaștem drept energie, observabil în exploziile colosale din univers sau în exploziile nucleare artificiale (produse de om).

Atât masa, cât și spațiul sunt structurări ale dinamismului. Aceste elemente de formă independentă si singulară sunt inerte deci nu generează schimbare, indicând lipsa de manifestare a traiectoriilor. Acest lucru definește dinamismul ca potențialitate a schimbării dacă aceasta nu este inițiată, dar dacă este inițiată, ea va defini schimbarea pe care o cunoaștem ca varietatea energiei.

Prin urmare, cel mai corect mod de a înțelege realitatea este prin utilizarea conceptului de traiectorii, fie ele potențiale sau inițiate, și nu prin elemente, indiferent dacă sunt tangibile sau nu. Cu toate acestea, această teorie este prezentată și în bază de elemente pentru a o face compatibilă cu intelectul comparativ.

Dacă este detectată existența masei și a spațiului, aceasta se datorează doar configurației structurale ale elementelor în care intelectul interacționează cu sistemele perceptive ale realității obiective, însă în realitatea obiectivă există doar traiectorii potențiale sau active.

Potențialități:

Dinamismul este definit ca potențialitatea inerentă realității. Masa reprezintă o potențialitate structurată, în timp ce spațiul este o potențialitate structurabilă. Interacțiunea dintre cele două declanșează acțiunea (traiectorii definite, schimbare), care, la rândul său, generează manifestarea realității așa cum o percepem noi.

Este important să distingem aceste potențialități definite manifestate de masă și spațiu de potențialitatea reprezentată în starea "NIMIC". În timp ce masa și spațiul posedă mărimi definite, deoarece din termenul definit derivă condiționat, starea NIMIC este caracterizată de o potențialitate absolută necondiționată, în care nicio magnitudine nu este definită. Prin urmare, nu numai că nu este o potențialitate dinamică, nu este nici măcar dinamism. Starea "NIMIC" reprezintă, totuși, o capacitate potențială absolută, deși nedefinită.

Dinamismul este capacitatea de a genera schimbare, în baza unei magnitudini definite, în care ceea ce definește, de asemenea, condiționează, ceea ce îl face un element real și fundamental pentru existența și evoluția universului și a Realității însăși.

Realitate tangibilă cu origini intangibile

Conform teoriei din care face parte acest articol, sunt definite două stări: starea Nimic, definită ca o stare de potențialitate neinițiată și neconstrânsă, și starea actuală (Reală), care este produsă de o schimbare de stare de la nimic la actual, odată cu formarea primei referințe primordiale. Această referință trebuie să îndeplinească trei condiții esențiale pentru persistența sa: funcționalitatea generatoare, repetitivitatea și auto-augmentarea. Dacă nu îndeplinește aceste condiții, ea nu va fi persistentă, va fi ca o scânteie care se stinge înainte de a aprinde focul.

Dar de unde se poate trage concluzia că această referință trebuie să îndeplinească aceste condiții? Dovada se găsește în funcționarea efectivă a Universului, în toate sistemele funcționale care alcătuiesc Universul deja consolidat, reprezentat prin diferite niveluri. Fiecare nivel funcțional și ansamblul său se conformează proprietăților de funcționalitate, repetabilitate și auto-augmentare, pentru a persista. Atunci când încetează să îndeplinească una dintre aceste condiții, celelalte sunt afectate, pierzând persistența sistemului pe care îl conformează. Aceste caracteristici condiționează și Realitatea însăși.

Cum este realitatea condiționată de aceste caracteristici? Funcționalitatea realității este bine definită în teoria căreia îi aparține acest articol, reprezentată ca o funcționalitate ciclică bazată pe o succesiune de Universuri. Un ciclu pornește de la o referință numită Masa Primordială, care se dezintegrează generând din magnitudinea sa, o multitudine de referințe cu diferențele lor. Această multitudine de referințe cu diferențele lor reprezintă mase variate ca magnitudine, distribuite într-un spațiu comun, generând diverse diferențe intermediare și volumetrice. Atât referințele, cât și diferențele definesc o proporționalitate perfectă în raport cu magnitudinea din care au fost formate, deoarece nu este vorba de un proces dinamic, ci de o dezintegrare.

Dacă în starea de masă primordială toată realitatea este rezumată în această masă, indicând o concentrare și o densitate extremă din cauza lipsei de spațiu, după dezintegrare și datorită formării spațiului, realitatea crește în volum și componente dar diminuează în densitate. Această scădere a densității permite componentelor formate să acționeze, transformând o realitate inertă fără funcționalitate într-o realitate dinamică și funcțională. Aceasta indică o schimbare de stare de la neinițiat la inițiat, de la o stare de potențialitate potențială la o stare activă și funcțională.

Dezintegrarea este numită "expansiune" în teorie, pentru a menține compatibilitatea cu teoriile anterioare, dar nu este o expansiune în altceva, ci o scădere a densității cu augmentare volumetrică care manifestă Realitatea în sine. Ea nu se expande în altceva, ci se expande în ea însăși, deoarece realitatea se rezumă la o magnitudine care o definește și o condiționează, la ia însăși.

Deoarece realitatea pornește de la o stare neinițiată, numită de autorul teoriei precum Nimic, iar datorită unei schimbări de stare se formează o referință din care derivă tot ceea ce este existențial, se poate concluziona că Realitatea însăși, chiar dacă este detectată în prezent ca fiind tangibilă și funcțională, pornește de la o stare intangibilă și neinițiată (Nimic).

Paradoxuri și funcționări neobișnuite.

Nimicul: Dacă reprezintă o stare care se definește prin lipsa totală a oricărui lucru, dacă Nimic este real, atunci el implică lipsa Nimicului însuși. Acest lucru face din starea de neant o stare de potențialitate maximă, din care poate apărea orice eveniment. Este ca un vas gol, nedefinit, care permite să fie umplut cu orice, în orice cantitate, datorită lipsei de limitări, care, în cazul unui vas definit care va conține deja ceva, va fi condiționat de ceea ce conține deja și de modul în care este definit.

Atemporalitatea: Așteptarea într-o stare atemporală este nulă din cauza conceptelor care definesc timpul. În starea de Nimic nu există manifestare, astfel încât atunci când apare prima manifestare va fi începutul timpului, deoarece timpul este un concept care se referă la succesiunea cauzelor și a efectelor. Aceasta înseamnă că timpul este o manifestare care poate fi neliniară, cu diferențe de percepție receptate de o conștiință comparativă care o va detecta întotdeauna ca fiind liniară, chiar dacă există așteptare aceasta va fi anulatoare, dacă cel care percepe face parte din același sistem care urmează să fie observat. Aceasta înseamnă că un sistem inițiat care va înceta să funcționeze își va schimba starea în neinițiat. Din punctul de vedere al unui observator intern, timpul se oprește atunci când sistemul se oprește; în acest caz, dacă observatorul ar face parte din acest sistem, el ar înceta să manifeste percepția temporală. Atunci când sistemul pornește din nou, pentru observator va fi o percepție liniară atemporală deoarece nu va putea detecta starea neinițiată, deși pentru un observator extern sistemului, observația va fi temporală din cauza continuității funcționale a sistemului din care face parte. Se concluzionează astfel că, chiar dacă există o succesiune de momente cu perioade eterne de inactivitate, cei care aparțin sistemului vor detecta o succesiune liniară și continuă deoarece vor putea detecta doar succesiunile active, chiar dacă sunt intermitențe de momente active cu pauze eterne, pauzele nu vor fi percepute. În concluzie, într-o stare neinițiată nu există condițiile pentru comparație dacă nu există referințe în și prin părțile incluse în sistemul neinițiat, atunci detecția temporală intelectuală nu se manifestă pentru că prelucrarea temporală intelectuală în sine este manifestarea activă a cauzelor și efectelor. Ca o comparație ipotetică, este de a încerca să se măsoare și să se înregistreze funcționarea și măsurarea vitezei unui motor electric cu un contor de viteză care utilizează aceeași sursă de alimentare pentru motor și o cameră de înregistrare; atunci când se vizualizează înregistrarea camerei se poate observa că înregistrarea va fi continuă, chiar dacă există întreruperi generale simultane de alimentare în toate elementele.

Tangibilitate: Aceasta este în primul rând o percepție senzorială comparativă. Este percepută prin diferența de consistență/densitate și structurare dintre diferite elemente, folosind consistența observatorului ca referință. Din punct de vedere științific, este vorba de diferența de masă dintre masele sau elementele implicate. În concluzie, este o percepție comparativă. Tangibilitatea este un concept intelectual legat de consistență. Astfel, paradoxul este următorul: dacă totul are aceeași consistență, conceptul de tangibilitate, care include atât elemente tangibile, cât și intangibile, va fi anulat.

Expansiune prin transformare: Acest concept este esențial pentru a defini expansiunea Realității însăși. Deoarece realitatea nu este conținută în altceva, tot ceea ce o definește este cuprins în ea însăși. Prin urmare, nu este vorba de o expansiune în sensul tradițional, în care ceva crește în interiorul a altceva, deoarece realitatea nu îndeplinește aceste condiții, existențialul fiind cel care definește realul.

Tot ceea ce este măsurabil și chiar măsura sunt incluse într-o realitate variabilă, deci nu poate fi măsurat, deoarece orice acțiune ar afecta at â t obiectul măsurat, măsura și măsurătorul, în același mod deoarece fac parte din același sistem, ar fi ca și cum ai încerca să măsori un obiect variabil cu un metru variabil, ceea ce a fost măsurat ar fi valabil doar în cadrul sistemului variabil și numai dacă există proporționalitate variabilă perfectă, dar nu este cazul deoare ce spațiul diminuează și masa augmentează. Realul este compus din elemente care sunt structurări variate ale unui element fundamental, ceea ce implică faptul că atât obiectul măsurat, cât și măsurătorul sunt consolidate din același element fundamental. Pe scurt, realitatea nu se expande, ci doar își modifică densitatea.

Un scenariu ipotetic pentru a ilustra acest fenomen ar fi o bucată de gheață carbonică (dioxid de carbon solid) izolată într-un balon elastic. La fracturarea gheții, pe suprafețele nou create, substanța se sublimează rapid, transformându-se direct în gaz (dioxid de carbon gazos). Această transformare de fază generează o creștere a volumului ocupat de sistem, întrucât gazul are o densitate mult mai mică decât solidul inițial. În interiorul balonului, vor coexista temporar fragmente de gheață carbonică încă densă, dispersate în gazul mai puțin dens rezultat din sublimare. Pe măsură ce procesul continuă, tot mai multă gheață carbonică se va transforma în gaz.

Cea mai importantă diferență constă în volumul ocupat de fiecare stare (structurare): volumul gazului este de aproape o mie de ori mai mare decât volumul gheții uscate din care provine, ceea ce va duce la o expansiune în sine numai prin schimbarea structurală a unui singur element prezent în experiment, dioxidul de carbon (CO2), deoare ce balonul este folosit doar pentru a izola experimentul. Balonul este utilizat doar pentru a izola sistemul și a facilita detectarea efectului, balonul reprezentând doar o limită ipotetică extrapolabilă realității însăși.

În cazul realității, elementul fundamental este dinamismul, considerat un element extrem de transformabil, de la intangibil, cum ar fi spațiul, la o tangibilitate extremă precum elementele structurate ale masei. Magnitudinea dinamismului definește magnitudinea realității. Elementele variate pe care le cunoaștem ca materie sunt doar aglomerări structurate din dinamism. Energia, pe de altă parte, este, de asemenea, o structurare în traiectorii direcționale ale aceluiași dinamism. Spațiul, pe de altă parte, este un dinamism nestructurat, fără traiectorii definite.

Atât masa, cât și spațiul sunt dinamisme neinițiate, dar cu caracteristici care fac ca **prin coincidența lor să se producă** un efect dinamic, deci inițiat, în timp ce energia este dinamism inițiat și produce acțiunea. Magnitudinea diferențială combinatorie dintre masă și spațiu definește tangibilitatea combinațiilor (structurilor), iar aplicarea energiei asupra acestor structuri interferează cu tangibilitatea ansamblului, afectând uniformitatea sau compactitatea.

Augmentarea dinamică: Această augmentare poate fi argumentată prin evidențe observaționale la nivel global și funcțional al realității înseși. Ea este deductibilă din dovezile observaționale ale Universului actual, în care se detectează o enormă magnitudine care înglobează o cantitate colosală de elemente tangibile răspândite într-o magnitudine volumetrică intagibilă colosală. Acest lucru face posibilă o augmentare a elementului fundamental care definește baza structurală a acestor elemente tangibile și intangibile și face imposibilă formarea acestor elemente într-o singură acțiune prin succesiunile și acțiunile detectate în Universul actual deja consolidat; prin urmare, se propune un efect gradual.

Augmentarea trebuie să fie dinamică deci dinamism. Starea compactizată este rezultatul unei acționări dinamice anterioare, în care acțiunea a fost condiționată de efectul gravitației, care este ușor de detectat în apropierea oricărei mase sau aglomerări masive de mase din universul actual. În concluzie, gravitația va apropia toate elementele de masă într-un viitor universal, formând o masă colosală.

Dacă luăm în considerare efectul gravitației doar ca un efect fundamental, se va ajunge la concluzia greșită că această masă formată va rămâne întotdeauna o structură de masă compactă, fără posibilitatea de a se expande din nou din cauza forței gravitaționale colosale care o guvernează. Dar dacă este considerată ca o acțiune dinamică și că gravitația nu este o forță fundamentală, ci o interacțiune inevitabilă între masă și spațiu, atunci condiția existențială pentru manifestarea gravitației este coexistența masei și a spațiului.

Acest lucru va avea următorul rezultat: în universul actual, masele se vor apropia datorită condițiilor existențiale pentru manifestarea gravitației până la un punct în care tot spațiul va fi transformat în mase și toate aceste mase vor fi concentrate într-o singură masă colosală, dar fără spațiu. În acest punct, întreaga realitate va fi compactată și definită doar de singurul element existențial din acest punct, care va fi această masă. Dar fără spațiu, gravitația, care este cauza formării și menținerii acestei mase, va înceta să se manifeste.

În concluzie, dacă nu mai există nimic care să mențină structura acestei mase, aceasta se va dezintegra din cauza lipsei unei condiții existențiale pentru manifestarea gravitației, condiția care lipsește este spațiul. Dezintegrarea acestei mase compacte va genera o pierdere de densitate, unde o parte din dinamismul care definește masa colosală se va transforma în spațiu. Prin formarea spațiului, gravitația începe să se manifeste din nou, ceea ce este un efect inevitabil prin coexistența spațiului și a masei. Acestă dezintegrare indică un nou ciclu universal și începutul unei noi acțiuni dinamice.

Dacă se analizează atent, se va observa că procesul de unificare a maselor este un proces dinamic, în timp ce procesul de dezintegrare este un proces nedinamic. Prin urmare, dacă dezintegrarea este nondinamică și reintegrarea este dinamică, aceasta va duce la o augmentare a dinamismului în ciclul de reintegrare. În performanța dezintegrării, accelerația nu poate fi manifestată din cauza inexistenței spațiului, dar în reintegrare, accelerația este permisă din cauza existenței spațiului.

În concluzie, augmentarea dinamică indică o augmentare a dinamismului în sistem, care se manifestă din lipsa unei condiţii esenţiale pentru manifestarea gravitaţiei care produce o dezintegrare nondinamică, iar atunci când elementul lipsă este restaurat, reintegrarea are loc din nou, de data aceasta într-un proces dinamic datorită existenței gravitației și a spațiului care permite accelerarea.

Origine intangibilă sau imaterială: Tot ceea ce este detectabil și prezent în realitate este material și prezintă un anumit grad de tangibilitate care se manifestă sau este detectat ca fiind consecvent. Cu toate acestea, există și manifestări în care, deși consistența este implicată, aceasta este secundară. Această manifestare directă asupra părții materiale este detectată ca inerție și este prezentă în accelerarea părților materiale în spațiu, de unde poate fi identificată o consistență directă a spațiului care indică o vâscozitate. Orice schimbare de poziție a părților materiale implică inerția, care este doar o adaptare a poziției în funcție de o magnitudine dinamică care implică o traiectorie.

Elementul fundamental este dinamismul, care poate fi detectat ca fiind tangibil sau intangibil. Atât masa (tangibilul), cât și spațiul (intangibilul) sunt structurări ale aceluiași element. Dinamismul reprezintă capacitatea de schimbare, deci nu poate fi considerat nici tangibil, nici intangibil, deoarece cuprinde întreaga amplitudine. Deși știința a identificat efecte legate de proprietățile dinamismului, acestea sunt doar structuri ale dinamismului. Una dintre cele mai variate structuri observate se cunoaște precun Energie, care este doar Dinamism inițiat și structurat în traiectorie direcțională, care definește întotdeauna capacitatea de schimbare. Originea tangibilă a Realității are origini intangibile sau, cu alte cuvinte, originea Existențialului are o origine Inexistențială care a pornit de la o stare de Nimic neinițiat. Elementul Dinamism este un element care permite schimbarea și care a fost format dintr-o stare de potențialitate absolută numită Nimic, ceea ce nu este un paradox, așa cum a fost definit anterior în această lucrare.

Conservare: Elementul fundamental este conservat și augmentat. Acest lucru se datorează schimbării stării de la Nimic la Real, unde Real indică o funcționalitate. Se știe deja din știință că magnitudinea masei și a energiei într-un proces nu se pierde, ci se transformă. Acestea sunt caracteristici ale dinamismului, care nu poate dispărea. Nimicul nu mai există în starea Real, deoarece este o stare deja inițiată. Realitatea este definită de ea însăși; toată realitatea este un sistem închis, deci nu există transferuri dinamice către un alt sistem. Astfel, dinamismul este conservat deoarece permite augmentarea. Singura modalitate de a inversa procesul dinamic și de a trece de la starea Real la Nimic este de a opri toate procesele, ceea ce aproape se obține în starea în care toată realitatea este rezumată la un singur element care cuprinde toată realitatea, dar această stare nu este persistentă din lipsă de spațiu. Starea în care totul este redus la un singur element este similară cu formarea primei referințe care a marcat schimbarea stării de la Nimic la Real, diferind doar prin magnitudinea dinamică care o reprezintă. Realitatea, așadar, fiind un sistem închis, dar flexibil, va păstra tot dinamismul preexistent, permițând augmentarea. Aceasta explică magnitudinea universului actual și principiile de conservare observate pentru masă și energie.

Augmentarea volumetrică și materială: Dovezile observaționale indică un Univers colosal, cu o magnitudine volumetrică enormă, ocupat de o cantitate colosală de elemente materiale într-o deplasare continuă care determină o combinație continuă, ceea ce este contradictoriu cu o stare de Nimic neinițiat. Dacă totul a pornit de la Nimic, atunci evoluția implică o augmentare. Acest lucru se datorează caracterului cumulativ care se datorează conservării elementului fundamental. Dacă dinamismul crește în magnitudine, atunci și Realitatea crește. Aceasta înseamnă că, dacă tot ceea ce este existențial, de la spațiu la materie, acțiuni și interacțiuni, sunt rezultatul dinamismului, atunci, pe măsură ce dinamismul augmentează, vor fi generate mai mult spațiu și materie, deci mai multe acțiuni și interacțiuni. Augmentarea dinamismului duce la o augmentare a Realității însăși, implicând componente, spațiu și acțiune, rezultând o augmentare volumetrică, materială și dinamică.

Viziune închisă: Toate cele de mai sus reprezintă o viziune închisă generată de un intelect încorporat realității. Prin urmare, această viziune este limitată de realitate însăși, la fel ca exemplul ipotetic al măsuratului și al măsurătorului încorporate într-un sistem variabil care se încearcă măsura. Cu toate acestea, teoria este susținută de observațiile funcționale intrinseci realității însăși, accesibile tuturor observatorilor prezenți cu capacitate cognitivă echivalentă.

Puncte cheie ale teoriei din care face parte acest articol:

1. **Starea de "Nimic": Aceasta este** definită ca o stare fără timp, legi fizice sau limitări, o stare de potențialitate pură în care orice este posibil. Este o stare neinițiată.
2. **Prima referință: Ea** apare spontan din starea de "Nimic" datorită potențialității sale nelimitate. Această primă referință trebuie să îndeplinească trei condiții pentru a persista și a da naștere la realitate:
   - **Funcționalitate:** trebuie să genereze un anumit tip de acțiune sau efect.
   - **Repetitivitate:** funcționalitatea sa trebuie să fie ciclică pentru a asigura continuitatea.
   - **Acumulabilitate:** trebuie să își sporească magnitudinea prin replicare, combinare sau generare de noi referințe.
3. **Dinamism:** este elementul fundamental din care derivă tot ceea ce există, atât tangibilul (masa), cât și intangibilul (spațiul). Dinamismul neinițiat este masa sau spațiul, în timp ce dinamismul inițiat este energia.

4. **Expansiune prin transformare:** Realitatea nu se expande în sensul tradițional, ci își pierde densitatea pe măsură ce dinamismul se transformă generând o augmentare volumetrică.
5. **Augmentarea dinamică:** Augmentarea dinamismului va duce la o augmentare dinamică care definește realitatea însăși, inclusiv componentele și spațiul acesteia. Această augmentare este rezultatul unui proces ciclic care se datorează interacțiunii dintre masă și spațiu, care generează gravitația și permite accelerarea.
6. **Timpul ca interpretare:** Teoria neagă timpul ca entitate obiectivă fundamentală și îl definește ca o interpretare intelectuală a succesiunilor de cauze și efecte, transferându-i relevanța doar la realitatea subiectivă.
7. **Conștiința:** este o structurare complexă a dinamismului și poate genera schimbări în realitate.
8. **Liberul arbitru și scopul:** Liberul arbitru este limitat de legile, condițiile și caracteristicile fiecărei realități (obiective sau subiective) individual sau de grup. Scopul existenței este funcționalitatea pentru a asigura persistența, iar în cazul vieții, acesta se manifestă prin instinctul de perpetuare.

Pe scurt, teoria lui Bepe Popu prezintă o combinație de idei care au o anumită rezonanță cu cunoștințele științifice actuale, dar introduce și concepte radical noi și provocatoare. Validitatea și utilitatea sa vor depinde de capacitatea sa de a explica fenomenele observate mai precis și mai coerent decât teoriile existente, precum și de capacitatea sa de a genera noi predicții testabile experimental.

Indice:

- Puncte care necesită clarificări sau explicații suplimentare

    - Limitări tehnologice
    - Reacții nucleare
    - Găurile negre și teoria lui Bepe Popu
        - În concluzie

Pagina 44. De ce predomină în Univers sau în Realitate deplasările orbitale eliptice, ușor de detectat în deplasarea planetară?

- Individualitate (Pagina 46)
- Condiționare de grup (Pagina 46)

Pagina 46. De ce Luna ne arată întotdeauna aceeași față?

Pagina 49. Definiția tangibilității

- Să vedem cum se leagă conceptele (Pagina 49)
    - Masa ca dinamism structurat:
    - Explozie nucleară și dezintegrarea masei
    - Dinamismul eliberat ca energie și spațiu
        - Energie
        - Spațiu
        - Conservarea impulsului

Pagina 45. Limitări ale legii conservării masei

- Să recapitulăm punctele cheie
    - Masa ca dinamism structurat
    - Explozia nucleară ca destructurare
    - Dinamism transformator
        - Energie
        - Spațiu
        - Conservarea Dinamismului
    - Puncte cheie (Pagina 51)

Principios básicos

El libro presenta los principios básicos de la Teoría del Todo, propuesta por Bepe Popu. Redefine, entre otras cosas, conceptos fundamentales de la física como masa, espacio, energía y gravedad, y ofrece una perspectiva alternativa sobre la formación y evolución del universo.

„Impresión y editorial: BoD – Books on Demand
info@bod.com.es - www.bod.com.es
Impreso en Alemania – Printed in Germany"
ISBN: 9788411747202

Español

Estimados lectores

Se presenta una teoría innovadora sobre el origen y la evolución de la realidad, una teoría presentada en el concepto fundamental de *estado*. Esta teoría pretende no sólo unificar las teorías existentes sobre el universo, sino integrar el conocimiento humano actual en general, desde el saber popular hasta la filosofía y la ciencia. Aunque la pretensión de que esta teoría pueda explicar todo el espectro de la realidad pueda parecer ambiciosa, está rigurosamente fundamentada en el conocimiento humano actual procedente de la ciencia, la filosofía y mucho más, e incorpora únicamente conceptos lógicos bien definidos presentes en la realidad física observable. Este enfoque trasciende las especulaciones que suelen encontrarse en diversas disciplinas del conocimiento humano, ofreciendo una perspectiva holística y unificadora del universo. Esta teoría reincorpora la Física Clásica, antes considerada insuficiente para explicar plenamente la complejidad de los fenómenos cósmicos, y la integra en un marco conceptual más amplio, proporcionando así, una descripción más completa y matizada del funcionamiento del universo y de la naturaleza de la propia realidad.

Se propone un modelo funcional fundamental de la realidad, caracterizado por una funcionalidad repetitiva, acumulativa y cíclica, que se manifiesta en una serie de combinaciones que definen distintas etapas de transformación de la forma, la consistencia y la estructura. Esta funcionalidad ubicua se basa en la formación de múltiples referencias, cada una con sus diferencias específicas, que se compactan en un proceso dinámico de sincronización continua. Sin embargo, la sincronización conseguida es inherentemente inestable, disipándose con la desaparición de una de las condiciones necesarias para su formación y mantenimiento.

La sincronización es un proceso gradual y dinámico, mientras que la desincronización resultante es un acontecimiento intemporal y no dinámico. Esta combinación paradójica de una desincronización no dinámica y una sincronización dinámica genera un aumento dinámico en el sistema, con una acumulación continua de dinamismo, el elemento fundamental de la realidad. Este aumento del dinamismo implica una

Español

acción repetitiva y acumulativa, lo que significa que el sistema aumenta de magnitud con cada ciclo completo.

Este aumento exponencial explica la magnitud actual de la realidad o del propio universo, y es la única teoría capaz de ofrecer una explicación plausible de la magnitud y la complejidad observados actualmente.

En el centro de esta teoría de la Realidad se encuentra el estado *"Nada"*, un concepto aparentemente paradójico, pero esencial para comprender la génesis del universo. El estado "Nada" no es un mero vacío, sino un estado de potencialidad pura, que no está limitado por las leyes de la física o las limitaciones del tiempo. En este estado, cualquier transformación es posible, pero para que persista debe cumplir la condición de perpetuación continua, es decir, ser cíclica. Esta teoría presenta un sistema cíclico, persistente y acumulativo que aumenta con cada ciclo. Un sistema funcional que puede explicar todo lo que existe, elementos, efectos y acciones en un universo consolidado tal y como lo conocemos.

A partir de este estado denominado por el fundador de la teoría como "Nada", mediante un proceso atemporal denominado *formación de la primera referencia,* se inicia la realidad primordial. Esta primera referencia, un inicio de estructura en un entorno de potencial puro, se desintegra y reintegra en una acción dinámica inicial, generando *el Dinamismo Primordial*.

Este dinamismo primordial es la fuerza motriz del universo, estructurándose inicialmente como *Masa Primordial*, la sustancia tangible fundamental a partir de la cual se formarán todas las estructuras posteriores, tanto tangibles como la Masa, e intangibles como el Espacio. En el estado "Nada", el tiempo no existe. La formación de la primera referencia, y por tanto la aparición del tiempo, es un acontecimiento instantáneo, una transición súbita de la potencialidad/no

iniciada a la actualidad/acción, de un estado no iniciado, a un estado iniciado que actúa. Esta acción representa la sucesión de causas y efectos (dinámica) que percibimos como tiempo.

Esta Masa Primordial se desintegra y reintegra en un ciclo continuo, cada ciclo añade dinamismo al sistema. Esta acumulación de dinamismo es lo que impulsa el crecimiento y la evolución del universo. A partir de una referencia infinitesimal e intangible, llegamos al vasto y complejo universo que observamos hoy.

En esta teoría, el *dinamismo* es el elemento fundamental de la realidad. La magnitud de la realidad es directamente proporcional a la magnitud del dinamismo que la compone. El espacio y la masa, los componentes familiares de nuestro universo, no son más que manifestaciones y evoluciones de este dinamismo primordial. "**Analogía:** El dinamismo puede compararse al concepto de energía en física, pero con mayor extensión y fundamentalidad. Al igual que la energía se conserva y se transforma en diferentes formas, el dinamismo se conserva y aumenta a lo largo del ciclo universal y se manifiesta en diferentes estructuras y procesos. Destaca el aspecto acumulativo y convertible del dinamismo dentro de los ciclos universales, concepto clave en la teoría presentada"

En el contexto de la teoría presentada, la masa se define como una manifestación distinta del dinamismo primordial, caracterizada por una estructura con trayectorias convergentes y definidas. Esta estructura permite a la masa interactuar con el espacio, generando gravedad y contribuyendo a la evolución cíclica del universo.

La masa, junto con el espacio, es uno de los componentes básicos de la realidad, ambos derivados del Dinamismo. La diferencia fundamental entre masa y espacio radica en la forma en que el dinamismo se estructura en cada uno de ellos: mientras que la masa exhibe trayectorias convergentes, el espacio se caracteriza por trayectorias indefinidas.

A lo largo de los ciclos universales, la masa actúa como "absorbente" o "sincronizador" del espacio, convirtiéndolo gradualmente en más masa. Este proceso de aumento de la masa y disminución del espacio es esencial para la evolución del universo y la formación de estructuras complejas como los átomos y la materia.

En esencia, la masa es una expresión del dinamismo de forma estructurada y definida, que desempeña un papel esencial en la dinámica universal y en la manifestación de la realidad tal y como la percibimos.

En el contexto de la teoría presentada, el aumento del dinamismo con cada ciclo universal es un concepto fundamental. Este aumento se debe al proceso de reintegración dinámica de las masas resultantes de la descomposición no dinámica de la masa primordial. Durante la reintegración, la presencia del espacio permite la aceleración, y la gravedad, manifestándose como una fuerza de interacción indirecta entre las masas, hace que éstas orbiten y se aceleren, culminando en su unificación en una nueva masa primordial una vez que el espacio se ha sincronizado por completo.

Esta aceleración y unificación de las masas genera una cantidad adicional de dinamismo, que se suma al dinamismo preexistente en el sistema, respetando los principios de conservación.

Así, cada ciclo de desintegración no dinámica y reintegración dinámica de la masa primordial conduce a un aumento neto del dinamismo en el universo. Este aumento del dinamismo es responsable de la expansión del universo con cada ciclo, lo que le confiere un carácter acumulativo, no sólo repetitivo. En consecuencia, el próximo universo tendrá una magnitud mayor tanto en volumen como en componentes y acciones.

En el contexto de la teoría presentada, la afirmación de que la Realidad no aumenta en otra cosa que en sí misma y que la expansión por

división de la masa primordial es una desintegración que no es más que una pérdida de densidad de la realidad misma, con aumento de volumen, puede definirse del siguiente modo:

La realidad, en esta teoría, se considera una entidad finita y cerrada. Todo lo que existe inherente a su propia existencia, por lo que no puede expandirse en "Nada" más, porque no está englobado en "Nada" más, no está contenido dentro de otro sistema o estructura y está compuesto de una cantidad fija y finita de dinamismo hasta si aumenta al concluirse un ciclo completo. Por lo tanto, el crecimiento de la realidad no implica la adición de nuevos elementos o sustancias del exterior, porque el exterior no existe, entonces es sólo una redistribución y reestructuración del dinamismo existente.

La desintegración de la masa primordial, que conduce a la expansión del universo, no es un aumento de la realidad en otra cosa, sino más bien una dispersión del dinamismo, que crea un volumen mayor conocido como espacio. Esto conduce a una disminución de la densidad de la realidad, pero no a un aumento de la cantidad total de dinamismo.

Este punto de vista sugiere que el universo no se encuentra en una expansión infinita a través de una pérdida continua de dinamismo, sino más bien en un ciclo continuo de expansión y contracción, en el que el dinamismo se dispersa en una acción no dinámica y luego se reconcentra en una acción dinámica. Esta visión cíclica del universo es un concepto esencial de la teoría presentada.

El estado "Nada", aunque desprovisto de leyes físicas, está representado por un potencial puro. En ausencia de tiempo y limitaciones, cualquier transformación es posible. Esta potencialidad es lo que permite la aparición de la primera referencia y, por tanto, la transición del estado "Nada" al estado "Real".

En nuestro universo consolidado, las leyes físicas lo rigen todo. Estas leyes, basadas en la sincronización y las sucesiones de causas y efectos, conducen a una convergencia de todo el dinamismo en una trayectoria única, formando una nueva Masa Primordial aumentada al final del ciclo completo de sincronización. Pero esta convergencia es sólo temporal, no un estado definitivo. Una vez alcanzada la sincronización convergente completa, el universo se desintegra debido a la desaparición de una condición esencial para mantener la convergencia, dando lugar al inicio de un nuevo ciclo a partir de un dinamismo aumentado en la actuación universal anterior.

Esta teoría ofrece una nueva y profunda perspectiva sobre la naturaleza de la realidad y el origen del universo. Si la teoría presentada resultara cierta, la realidad se describiría del siguiente modo:

Cíclica y acumulativa: La realidad no sería lineal ni estática, sino que seguiría un ciclo continuo de expansión (desintegración) y contracción (reintegración). Cada ciclo añadiría más dinamismo a la realidad, haciéndola aumentar en complejidad y magnitud.

Finita y cerrada: La realidad sería un sistema cerrado, sin "exterior" al que extenderse. Todo lo que existe estaría contenido en la realidad, y el dinamismo total sería una cantidad fija.

Basado en el dinamismo: El dinamismo sería el elemento fundamental de la realidad, del que derivan todos los demás elementos, incluidos la masa y el espacio. Sería la fuerza motriz de todos los cambios y transformaciones del universo.

Regida por la gravedad: se dice que la gravedad desempeña un papel esencial en el ciclo universal, actuando como una fuerza de sincronización que acerca las masas e impulsa su reintegración en una masa primordial cuando desaparecerá el espacio o la separación.

Origen intemporal: Antes de la formación de la primera referencia, el tiempo no existiría. Todo se definiría por un estado de pura

potencialidad, sin sucesiones de causas y efectos debido a la falta de elementos y estructuras.

Determinada por leyes físicas: Una vez que la realidad se manifiesta, estaría regida por leyes físicas inmutables que determinan cómo se estructura e interactúa el dinamismo.

Autoconsciente: La realidad tendría una forma de autoconsciencia, representada por las realidades intelectuales que surgen a medida que se desarrolla el intelecto. Estas realidades intelectuales estarían insertas en la realidad objetiva e influirían en ella según su nivel de cognición. Se puede encontrar un análisis en profundidad de este tema en el libro "El Conocimiento", publicado en español.

Esta descripción de la realidad es radicalmente distinta de las concepciones tradicionales. Nos desafía a replantearnos cómo entendemos el universo y nuestro lugar en él. De validarse, esta teoría tendría implicaciones de gran alcance para la cosmología, la física, la filosofía e incluso la forma en que nos percibimos a nosotros mismos y nuestra existencia.

Implicaciones:

La Teoría del Todo propuesta por Bepe Popu puede revolucionar nuestra comprensión del universo y la realidad. Ofrece una explicación unificada para todo, desde la formación de agujeros negros hasta el comportamiento de los átomos. La teoría también desafía conceptos bien establecidos en física, como la naturaleza de la gravedad y la expansión del universo.

Si esta teoría resulta ser válida, podría tener un impacto significativo en la forma en que entendemos el mundo que nos rodea y podría abrir nuevas direcciones de investigación en física y cosmología. Sin embargo, es importante tener en cuenta que la teoría está aún muy reciente, aunque representa el esfuerzo individual del autor a lo largo de 33 años, por lo que se necesitan más pruebas y validaciones para que sea ampliamente aceptada en la comunidad científica.

Este trabajo representa la contribución de una sola persona, que se propone iniciar un diálogo y una colaboración dentro de la comunidad científica para explorar más a fondo estos conceptos.

Introducción a lo que sigue: Comprender la formación de la realidad es un desafío fundamental en diversas disciplinas. En el siguiente análisis, exploramos la génesis de la realidad desde una perspectiva dinámica, considerando los elementos esenciales: Espacio, Masa y Dinamismo. Proponemos un modelo cíclico en el que la interacción entre Espacio y Masa, mediada por la Gravedad, impulsa la evolución de la realidad.

El espacio como elemento único

Inicialmente, consideramos un universo compuesto exclusivamente de espacio, una vasta magnitud volumétrica compuesta de dinamismo con trayectorias indefinidas. Aunque aparentemente carente de cambio, el dinamismo inherente al espacio, como potencialidad de cambio, conduce a la condensación en una trayectoria convergente. Esta convergencia marca la aparición de lo tangible: una masa estructurada y definida. La existencia del espacio implica la existencia del dinamismo y de un estado denominado Real que abarca toda la realidad. La magnitud del espacio determina la magnitud de la realidad, y, aunque inicialmente no existen sucesiones de causa y efecto, se produce una transformación singular: el espacio no estructurado se estructura en una

masa primordial, sincronizando todas las trayectorias indefinidas en un proceso atemporal, pero Real.

La Masa Primordial como único elemento y la formación del Espacio

En un segundo escenario, consideramos la realidad como una masa primordial en la que todo el dinamismo existencial está sincronizado en una trayectoria convergente que definirá un todo tangible. La ausencia de gravedad, debido a la falta de espacio para la sincronización, lleva a la desintegración de esta estructura. Esta desintegración no dinámica crea múltiples masas separadas que permanecerán tangibles y el espacio emergente intangible. La formación del espacio y la multiplicidad de las masas establecen las condiciones para la gravedad. La gravedad actúa como una sincronización entre el espacio (trayectorias indefinidas) y la masa (trayectorias definidas), similar a una absorción en la que el espacio se sincroniza con la trayectoria de la masa, aumentando esta última y disminuyendo proporcionalmente el espacio. Este proceso culmina con la transformación de todo el espacio existente en una masa primordial aumentada, definiendo la realidad en una actuación universal completa.

El Ciclo Universal y la Gravedad como Motor del Cambio

Esta teoría postula que la coincidencia entre masa y espacio genera la gravedad, que a su vez induce cambios en forma de sucesiones de causas y efectos. Las combinaciones resultantes forman todos los elementos y efectos a lo largo de una actuación universal completa, que finalizará con la formación de una masa primordial aumentada. El ciclo universal comienza con la formación del espacio y termina con su desaparición por sincronización. El espacio es el combustible, y la masa es el motor de esta transformación universal.

Conclusiones

Este modelo dinámico de la formación de la realidad ofrece una perspectiva única sobre la interacción entre Espacio, Masa y Gravedad. La gravedad aparece como un efecto inevitable entre masa y espacio, generando el cambio fundamental e impulsando la evolución de la realidad a través de ciclos de formación y desintegración de estructuras. Esta teoría abre nuevas vías de investigación en la comprensión de la dinámica universal y la naturaleza de la realidad.

El estado Nada y la Irrelevancia del Tiempo

Finalmente, consideramos el estado Nada, en el que no existe Espacio, Dinamismo, Masa, ni sucesiones de causa y efecto. En este estado preexistente, ni siquiera el tiempo se manifiesta. El estado Nada se define como un estado no iniciado, carente de las condiciones necesarias para la formación de referencias o diferencias. La aplicación del tiempo en este estado es irrelevante, ya que no hay eventos a los que aplicarlo. Si, finalmente, apareciera una Referencia Primordial, marcando un cambio de estado a Real, este evento sería instantáneo en términos temporales.

Para ilustrar este concepto, imaginemos un escenario en el que todas las sucesiones de causa y efecto en el universo cesan durante mil millones de años y luego se reanudan. Al reanudarse, la experiencia subjetiva sería de continuidad, sin percepción del período inactivo. Esto se debe a que el tiempo, en esencia, es una interpretación humana de las sucesiones de causas y efectos, y estas no son lineales como sugiere nuestra percepción temporal basada en la comparación.

Por lo tanto, la magnitud temporal del estado Nada es irrelevante. Cuando aparece la primera referencia primordial, marcando la transición al estado Real, esto será el equivalente a un instante.

Discusión

La teoría presentada propone una visión cíclica y dinámica de la realidad, en la que el espacio y la masa interactúan a través de la

gravedad para impulsar la evolución universal. El estado denominado Nada, desprovisto de tiempo y eventos, precede a la formación de la primera referencia que marcaría el comienzo de la percepción temporal y de la realidad tal como la conocemos.

Esta perspectiva desafía la concepción lineal del tiempo y sugiere que nuestra percepción temporal es una construcción subjectiva basada en la sucesión de eventos. El estado Nada mencionado, aunque conceptualmente indefinido en términos de magnitud, es irrelevante en términos temporales, ya que el tiempo adquiere significado solo con la aparición de la primera referencia, que indica un cambio de estado Nada a lo Real, de donde surgirá la Realidad con todos sus elementos y efectos en un proceso cíclico repetitivo y acumulativo.

Tipos de Realidades y la Relación con el Dinamismo

La realidad física es única, pero existen tantas realidades intelectuales como intelectos existen. Los universos no son paralelos, sino cíclicos, y, aunque no pueden coexistir múltiples universos en una sola realidad, pueden existir tantas realidades como intelectos presentes y pasados. La realidad intelectual, derivada de la realidad física, se basa en el conocimiento y en la capacidad de procesamiento intelectual.

Ambas realidades, física e intelectual, son sucesiones de realidades anteriores, en las que el conocimiento juega un papel crucial. La realidad física amplía su horizonte en magnitud dinámica, tangible, volumétrica y acciones, mientras que las realidades intelectuales amplían su horizonte de conocimiento, interfiriendo con la realidad objetiva proporcionalmente a la magnitud del conocimiento que las define. Ambas crecen en dinamismo debido al soporte físico que las representa, y las realidades intelectuales son parte de la única realidad objetiva debido al soporte sobre el que se consolidan. Por lo tanto, existen realidades paralelas, sucesivas e incorporadas, aunque sean solo intelectuales, pero solo un universo o una sola realidad objetiva puede manifestarse en un momento dado.

La realidad tiene como soporte tangible las masas, elementos de masa que ocupan un espacio común. El universo es una interacción de tres elementos. La coincidencia entre Masa y Espacio genera inevitablemente la Gravedad. Tanto la Masa como el Espacio son manifestaciones del Dinamismo, el elemento fundamental, con diferencias en su estructura. Para la manifestación del Universo, se necesitan los tres elementos juntos: el Dinamismo (fundamental), la Masa y el Espacio (básicos).

La gravedad puede ser interpretada como absorción (la masa absorbe el espacio) o sincronización (la masa sincroniza las trayectorias del espacio). En ambos casos, la masa preexistente transforma el Espacio en más Masa, disminuyendo proporcionalmente la magnitud del espacio.

El estado Nada y la Relación Temporal

En los estados coincidentes Nada, la Masa Primordial o el Universo Primordial, las leyes de la física universal no son aplicables, ya que estas leyes gobiernan solo un Universo Consolidado con Materia, Energía y otros elementos.

Si la desintegración de una masa primordial resulta en la pérdida total de la estructuración de las trayectorias del dinamismo, transformándose solo en espacio, la Gravedad no se manifestará, y la reintegración se verá afectada por la falta de Masa. Sin embargo, el dinamismo mantendrá su magnitud y tenderá a sincronizarse en una única trayectoria convergente, incluso si, en términos temporales, el proceso duraría más.

Proporcionalidad

La magnitud de la absorción/sincronización ejercida por la masa sobre el espacio es proporcional a la magnitud del Dinamismo que compone la Masa. Esta magnitud de absorción/sincronización es constante y proporcional a la magnitud del Dinamismo que compone la Masa para

cada Masa, pero la absorción/sincronización no es uniforme en toda la superficie de la Masa, aunque la magnitud de la absorción/sincronización es siempre proporcional a la magnitud del Dinamismo que la compone. La proporcionalidad de la absorción/sincronización en relación con la cantidad de dinamismo compuesto en la masa es responsable de la estabilidad estructural y de la acción en las aglomeraciones que ésta forma, como los átomos, la materia y otras estructuras.

La Gravedad como Efecto Emergente

La gravedad no es una fuerza fundamental, sino una consecuencia de la coincidencia entre masa y espacio. Esta coincidencia genera desplazamientos definidos como acercamiento, separación u orbitales debido a la formación o desaparición de la depresión intermedia entre las Masas. Las masas se desplazan hacia las zonas con más espacio disponible para la absorción/sincronización, buscando mantener su absorción constante y proporcional a su magnitud. Esto provoca comportamientos individuales condicionados por otras masas cercanas a través de su interacción en el mismo espacio común. Para existir y mantener su estructura, las masas deben actuar; si cesan su actividad, se desintegrarán. La manifestación de la gravedad, al igual que la existencia estructural, es un indicador de esta acción/actividad.

Aunque pueda parecer una definición filosófica, toda la realidad está compuesta de dinamismo con diferentes magnitudes de estructuración y combinación.

Empezamos

La Teoría del Todo presentada por Bepe Popu postula que Masa, Espacio y Dinamismo son los tres elementos estructurales cuyas combinaciones conforman el Universo.

1. **Dinamismo:** Es el elemento fundamental y la fuente del origen de la Realidad. En el contexto de su teoría, el dinamismo se manifiesta como cambio y, debido al desplazamiento constante que lo define, produce todas las combinaciones posibles, generando así la diversidad material y combinatoria del universo, que incluirá tanto elementos como efectos. El dinamismo se define como la diferencia entre referencias y es anterior a todo lo que existe, incluso anterior al universo mismo, representando el potencial de cambio, incluso cuando este no ha sido iniciado. Una vez iniciado, se manifiesta en forma de transformación en otro elemento, por ejemplo, la energía. El dinamismo es el elemento fundamental extremadamente convertible, desde lo extremadamente intangible hasta lo extremadamente tangible. Aumenta en cada ciclo universal completo, y su magnitud define la Realidad. Así, como el dinamismo define la realidad, la realidad a su vez aumenta con cada ciclo universal completo. En conclusión, todo lo que puede ser considerado existencial es una variante estructural, una manifestación del dinamismo, incluso un pensamiento o una idea.
2. **El espacio:** Es una forma de dinamismo, pero no estructurado, un potencial de movimiento o desplazamiento sin una trayectoria definida. Es una manifestación del dinamismo definido por las trayectorias indefinidas que lo componen. El espacio es un elemento derivado del dinamismo, es intangible y muy variable, partiendo de la inexistencia y alcanzando un volumen máximo en el proceso de expansión del Universo. Este es un elemento esencial para la formación y manifestación del Universo. Aunque ha sido ignorado hasta ahora, el espacio es un elemento incontestable de la realidad y, como postula esta teoría, el dinamismo es el único elemento fundamental, por lo que el espacio es también una forma estructurada de dinamismo.

Es un producto resultante de la desintegración del dinamismo que fue compuesto en la Masa Primordial.

3. **Masa:** Está formada por dinamismo estructurado en una trayectoria convergente (hacia el interior), un vórtice omnidireccional formado por trayectorias que convergen hacia su centro, lo que le confiere una forma esférica compacta. Actúa como un vórtice omnidireccional que sincroniza el espacio adyacente a su superficie, generando lo que percibimos como gravedad. El efecto gravitacional se debe a la disminución del espacio adyacente por sincronización. Representa un proceso de transformación del espacio en masa, produciendo efectos similares al conocido, pero poco estudiado, efecto de absorción. La masa se percibe como tangible y, en un Universo estructurado, se manifiesta en diversas formas tangibles que conocemos como Materia. La masa siempre forma aglomeraciones, ya sea en forma de las partículas fundamentales que forman la base de las estructuras atómicas, como los electrones y el núcleo atómico, o en una forma extrema, como los agujeros negros. Independientemente de su magnitud, la masa se considera una partícula individual indivisible, ya que no está formada por otros componentes estructurales, sino que es un bloque estructurado de dinamismo. La masa es casi constante en la evolución del Universo, presentando solo un pequeño aumento en un ciclo completo. Existe un pequeño aumento de masa en un ciclo universal completo debido a la aceleración en la reintegración universal. Este aumento postulado representa un aumento del dinamismo como elemento estructural a lo largo de los ciclos universales, lo que argumenta la magnitud volumétrica del Universo actual, que partió de un punto de partida ínfimo en el que se generó la primera referencia. Esta referencia provocó un cambio de estado de "Nada" a "Realidad". El aumento de masa define un aumento de la Realidad, que es, de hecho, un aumento del Dinamismo, ya que el elemento estructural de la Masa es el Dinamismo. Este es el segundo elemento esencial para la formación y manifestación del Universo. Es, además, un producto resultante de la

desintegración del dinamismo que fue compuesto en la Masa Primordial.

En resumen, la teoría propone el Dinamismo como el único elemento fundamental del cual derivan otros dos elementos esenciales para la formación y manifestación del Universo: la Masa y el Espacio. "El Dinamismo, elemento fundamental de la existencia que se forma a partir de una única referencia que se desintegra generando diversas referencias con sus diferencias, se manifiesta a través de un ciclo continuo de división y reestructuración sin la necesidad de una condición existencial previa. Cada desintegración e integración amplifica su dinamismo, en un proceso de auto-aumento por aceleración." La masa y el espacio son manifestaciones distintas del dinamismo, que se distinguen únicamente por la estructuración de sus trayectorias. La interacción entre estos tres elementos inicia la formación y evolución del universo y de todos los fenómenos que observamos en él a través de la generación de sucesiones de causas y efectos que representan el cambio con un carácter acumulativo.

La teoría presentada define que el dinamismo no está relacionado con la masa y que lo intangible no está relacionado con lo tangible, sino viceversa. Esta postulación diferencia esta teoría de las teorías actualmente aceptadas. La teoría hace una distinción entre dinamismo y energía, donde la energía está completamente relacionada con la masa, porque la energía es una derivación del dinamismo, que necesita referencias para generar diferencias, para manifestarse, y estas referencias son la masa. La energía es dinamismo estructurado en trayectorias definidas direccionalmente, por lo que es dinamismo iniciado y produce movimiento. Esta teoría también diferencia el desplazamiento del movimiento, donde el desplazamiento puede manifestarse por la variación del espacio en forma de aumento o disminución, mientras que el movimiento se genera siempre por la transferencia o aplicación directa de energía a la masa o a aglomeraciones de masa.

Se destacan los siguientes puntos clave:

- **Diferencia entre dinamismo y energía:** el dinamismo es el elemento fundamental y precede a la energía. La energía es una forma de dinamismo, es decir, el dinamismo iniciado y estructurado en trayectorias específicas.
- **La relación entre energía y masa:** La energía está relacionada con la masa o las aglomeraciones de masa, que sirven de referencia. La masa es una forma estructurada de dinamismo que le da consistencia y es percibida como tangible por el intelecto basado en comparación y debido a la naturaleza estructural. La energía se manifiesta cuando la materia reacciona o cambia de posición, siempre con una trayectoria direccional definida. La energía es, por tanto, evolución del dinamismo, dinamismo estructurado.
- **Diferencia entre desplazamiento y movimiento:** el desplazamiento es una adaptación de la posición en un espacio variable que no requiere energía. Este efecto puede observarse en el desplazamiento de los astros en el universo. El movimiento, en cambio, implica la aplicación de energía, manifestándose como un cambio en la trayectoria de un objeto y generando cambios situacionales del objeto en el espacio ocupado. El desplazamiento puede producirse por absorción/sincronización/transformación del espacio en masa, mientras que el movimiento requiere una transferencia directa de energía.

Analogía: Como analogía, podemos considerar un escenario hipotético en el que dos objetos flotan en un recipiente cónico de líquido, como un gran embudo lleno de agua. La adición o eliminación de líquido (equivalente al espacio en teoría) creará un desplazamiento aparente entre los objetos, un acercamiento o alejamiento. Empujar directamente un objeto genera movimiento, aunque el efecto visible es similar, la causa es diferente e importante para comprender esta teoría. Aunque ambas conducen a un cambio de posición, en el primer caso se manipula el entorno/medio, provocando un desplazamiento de los objetos por una adaptación diferencial de su posición en función de la

cantidad de espacio ocupado por el agua y la separación entre los objetos que flotan en la superficie. En el segundo caso, se aplica una fuerza directa al objeto u objetos, lo que hará que cambie su posición en el entorno/medio, generando movimiento.

Esta analogía ilustra la diferencia entre desplazamiento y movimiento según los postulados de la Teoría del Todo propuesta por Bepe Popu. Esta diferenciación es esencial para comprender los conceptos transmitidos. El desplazamiento se produce a través de cambios en el espacio, mientras que el movimiento requiere la aplicación directa de energía sobre la masa. La teoría describe la aparición o formación de estos efectos, que tienen etapas y condiciones diferentes: la energía necesita la materia para formarse, mientras que el desplazamiento es el efecto de la interacción inevitable entre la masa y el espacio. Esta interacción inevitable entre espacio y masa es el primer postulado científico que explica y define el dinamismo del Universo a todos los niveles, desde el subatómico hasta el solar, planetario, galáctico e incluso el Universo entero y describe la Gravedad. Según esta teoría, si hay masa y espacio, el desplazamiento es inevitable. En otras palabras, la presencia de masa en un espacio determina una modificación del espacio, generando inevitablemente un cambio en la posición de las masas que ocupan el espacio. Esta interacción es fundamental para la dinámica del universo y explica el fenómeno de la gravedad de una manera diferente a las teorías convencionales. Según esta teoría, si hay masa y espacio, se generan inevitablemente desplazamientos, no movimientos.

En resumen, el texto aclara la importancia de los conceptos fundamentales de la Teoría del Todo, estableciendo la jerarquía entre dinamismo, energía (utilizando la masa como referencia) y diferenciando entre desplazamiento y movimiento. Esta distinción es esencial para comprender los conceptos que transmite la teoría, ya que redefine conceptos fundamentales de la física y aporta una nueva perspectiva sobre el funcionamiento del universo.

Aplicación de la tercera ley de Newton a una explosión omnidireccional

La tercera ley de Newton, o principio de acción y reacción, establece que toda acción genera una reacción de intensidad igual pero opuesta. En otras palabras, siempre que un objeto ejerza una fuerza sobre otro, el segundo ejercerá una fuerza de la misma magnitud pero en sentido contrario. **Analicemos un escenario hipotético:** la superficie de una esfera produce una explosión colosal. El objetivo es identificar la acción y la reacción.

La tercera ley de Newton, también conocida como principio de acción y reacción de Newton, establece que por cada fuerza ejercida por un objeto sobre otro, existe una fuerza igual y opuesta ejercida por el segundo objeto sobre el primero. En el contexto de una explosión omnidireccional de la superficie de una esfera, podemos analizar la acción y la reacción de la siguiente manera:

- **Acción:** La explosión de la superficie de la esfera genera una fuerza que se propaga hacia el exterior en todas direcciones. Esta fuerza es la acción. Hipotéticamente, consideramos que afectará a miles o millones de años-luz.
- **Reacción:** La reacción a esta fuerza es una fuerza igual y opuesta que actúa sobre la propia esfera. Como la explosión es omnidireccional, la reacción se distribuye uniformemente desde la superficie de la esfera, generando una fuerza de igual magnitud que la acción. La fuerza de reacción tendrá una trayectoria convergente y, según la ley de conservación de la energía, que establece que la energía no puede destruirse ni desaparecer, permanecerá persistente, manteniendo su trayectoria convergente. El punto de referencia es la diferencia entre las trayectorias saliente y entrante. Las trayectorias salientes se disiparán, mientras que las entrantes convergerán hacia un punto central común de la esfera donde formarán un apoyo.

Español

La Teoría del Todo de Bepe Popu introduce el concepto de "dinamismo" como elemento fundamental del universo. En este contexto, la explosión sería una liberación de dinamismo con referencia a la superficie de la esfera. La reacción a la acción se manifiesta como una liberación de dinamismo en una trayectoria omnidireccional convergente, con la superficie de la esfera como referencia, pero hacia el interior. Mientras que el dinamismo liberado en la acción crearía una trayectoria que se disiparía en el espacio circundante en un ángulo abierto, el ángulo de reacción crearía una trayectoria que concentraría las trayectorias debidas a su propagación en un ángulo cerrado, convergiendo hacia un centro donde se crearía un apoyo persistente. La magnitud dinámica no se anularía, sólo dejarían de manifestarse las trayectorias por falta de espacio. La tercera ley de Newton sólo puede manifestarse si hay espacio para que se genere la reacción, el desplazamiento presupone la existencia de espacio, sin espacio, el desplazamiento es imposible, pero la fuerza persiste según el principio de conservación.

Es importante subrayar que la teoría presentada por Bepe Popu propone que la masa es dinamismo sincronizado en una trayectoria de entrada convergente. Si la esfera está compuesta de materia, definida como una aglomeración de masas, cada una con su propia trayectoria convergente, la explosión de la esfera sincronizará todas estas trayectorias de la materia que conforma la masa, pero incluyendo las del espacio entre las masas, en una única trayectoria convergente. Esto estructurará un nuevo elemento si la explosión alcanza la magnitud requerida. Así, a partir de una aglomeración de masas definida por múltiples elementos, se genera un único elemento: un agujero negro definido por una única trayectoria convergente persistente.

Según la teoría presentada, la acción es la fuerza explosiva que se propaga hacia el exterior, y la reacción es la fuerza convergente opuesta que actúa sobre la propia esfera. La magnitud de la trayectoria convergente permanece persistente porque la reacción secundaria de ésta no puede tener lugar debido a la falta de espacio para generar la reversibilidad, lo que indica el límite de aplicación de la tercera ley de Newton.

Español

"Al analizar las trayectorias desde el punto central, observamos que la acción y la reacción se vuelven equivalentes, ya que las trayectorias convergentes son inversas a este punto central, asegurando así la persistencia del dinamismo mediante la formación de soporte por magnitudes iguales que limitarán la aplicación de la tercera ley de Newton."

En el contexto de la teoría de Bepe Popu, esto sugiere que, aunque una masa continúa absorbiendo espacio (acción), no hay suficiente espacio disponible para que la reacción opuesta (expansión o rechazo) tenga lugar. Esto llevaría a una acumulación de dinamismo (energía potencial) que resulta en una transformación de la materia en dinamismo, limitando la aplicabilidad de la tercera ley de Newton en este escenario específico. En el contexto de la Teoría presentada, la explosión es una liberación de dinamismo, y la reacción es una fuerza convergente que sincroniza las trayectorias de las masas y del espacio que definen la materia que compone la esfera en una única trayectoria de entrada, formando una nueva trayectoria que definirá un único elemento masivo de masa.

Aplicando lo anterior a la explosión de una estrella que da lugar a un agujero negro, según la teoría propuesta:

- **La Acción:** la explosión de la estrella (supernova) es una liberación masiva de dinamismo en todas direcciones (omnidireccional). Esta fuerza expansiva se propaga por el espacio, expulsando materia, gran parte de la cual permanecerá próxima y aglomerada lo que se explicara más adelante. Sin embargo, la energía liberada por la estrella afectará a miles o millones de años luz, lo que indica su colosal magnitud, propagándose en forma de radiación electromagnética cuya dirección siempre señalará el camino hacia la fuente. La radiación electromagnética, en el contexto de esta teoría, se define como un estado de dinamismo y una forma de energía, debido al desplazamiento que define una estructuración organizada de su trayectoria.

- **La reacción:** La reacción a esta colosal explosión es una fuerza convergente de igual magnitud, pero en direcciones opuestas. Esta trayectoria concentra su magnitud dinámica en el centro de la estrella donde se generará apoya, pero en su actuación afectará a las trayectorias que definen la masa y el espacio que constituyen la materia existente en la estrella.

En el contexto de la Teoría del Todo, esta acción explosiva desencadena una reacción convergente de igual magnitud, sincronizando de manera masiva y total las trayectorias del dinamismo que definen la masa y el espacio contenidos en la materia estelar. La explosión inicial dispersa parte del dinamismo de la estrella en una trayectoria saliente, pero la reacción resultante estructura las trayectorias de los componentes restantes en una única trayectoria convergente extrema convirtiendo la materia en un elemento fundamental de dinamismo, que permanecerá persistente. Esta trayectoria convergente queda persistente conforme a la ley de conservación de la energía, que postula que la energía no desaparece sino que se transforma, pero por la imposibilidad de que se manifieste la tercera ley de Newton por falta de espacio necesario quedara persistente.

Esta convergencia masiva de dinamismo, si cruza un umbral crítico, transformará la materia existente en dinamismo por estructuración, definiendo una singularidad: un único elemento de densidad dinámica extrema. Este es el proceso de formación de un agujero negro según la teoría propuesta, pero también define la masa como elemento, ya que un agujero negro no es más que una única y enorme partícula de masa, definida por una única trayectoria convergente, que continuará estructurando el espacio circundante en toda su superficie, generando el efecto conocido como gravedad.

Materia expulsada: Ya se ha mencionado que gran parte de la materia expulsada en la explosión permanece junta y agrupada. Esto se debe a que la explosión crea un nuevo espacio, y parte de la materia de la estrella simplemente se colocara en ese espacio recién creado. Aunque una pequeña fracción de la materia expulsada a gran velocidad

escapará, la mayor parte será frenada por la gravedad ejercida por el nuevo agujero negro, así como por la gravedad conjunta de la materia expulsada que permanece cerca de la singularidad. Esta manifestación gravitatoria conjunta de la materia restante acercará los cúmulos de masa para formar aglomeraciones, y todo el conjunto aglomerado se acercará al agujero negro formado, orbitándolo a menos que cruce su horizonte de sucesos.

Diferencias con el modelo clásico:

- **No existe una "fuerza de gravedad" independiente:** en la Teoría del Todo propuesta, la gravedad no es una fuerza fundamental, sino un efecto inevitable de la interacción por la coexistencia del espacio y la masa. En este caso, la "fuerza" que transforma la estrella es la reacción provocada por la explosión, que sincroniza el dinamismo que define la masa y el espacio que componen la materia de la estrella en una única trayectoria convergente que define la Masa como un único elemento indivisible, según la teoría propuesta.
- **El agujero negro como nuevo elemento:** La teoría sugiere que el agujero negro no es simplemente un objeto extremadamente denso, sino un nuevo elemento indivisible, formado por la sincronización total del dinamismo que definía a la estrella original.

Implicaciones:

Esta interpretación original, que describe la formación de un agujero negro tal y como se postula en la propuesta Teoría del Todo, tiene varias implicaciones:

- **Reinterpretar la gravedad:** la gravedad no es una fuerza fundamental, sino un efecto inevitable de la interacción entre el espacio y la masa.

- **La nueva visión de los agujeros negros**: los agujeros negros son entidades individuales (partículas fundamentales con magnitudes colosales) formadas a partir de una única trayectoria convergente, una sincronización total del dinamismo que la define. Aunque extremadamente tangible debido a su estructura, la masa es esencialmente puro dinamismo, el dinamismo es un elemento fundamental extremadamente versátil que puede ir desde la intangibilidad del espacio hasta la densidad extrema de los agujeros negros. Posible unificación de la física: La Teoría del Todo propuesta podría proporcionar una explicación unificada de fenómenos como la gravedad, la energía y la formación de agujeros negros. La propuesta se aplica a todos los niveles, desde el subatómico hasta el universo entero.
- **Una posible unificación de la física:** La Teoría del Todo propuesta podría proporcionar una explicación unificada de fenómenos como la gravedad, la energía, la formación de agujeros negros y de los átomos que definen la materia. La acción presentada se aplica a todos los niveles, desde el subatómico hasta el universo entero.

Es importante mencionar que la teoría presentada por Bepe Popu propone que la masa es simplemente dinamismo sincronizado en una trayectoria de entrada convergente. Si la esfera está compuesta de materia, definida como una aglomeración de masas (masa y espacio), cada una con su propia trayectoria convergente o indefinida, la explosión de la esfera sincronizará todas estas trayectorias de la materia que conforma la masa, pero también las del espacio entre las masas, en una única trayectoria convergente radial esférica. Esto estructurará un nuevo elemento, una partícula, si la explosión alcanza la magnitud necesaria. Así, a partir de una aglomeración de masas definida por múltiples elementos, se genera un único elemento: un agujero negro definido por una única trayectoria convergente radial esférica y persistente. Según la teoría presentada, la acción es la fuerza explosiva que se propaga hacia el exterior, y la reacción es la fuerza convergente opuesta que actúa sobre la propia esfera. La magnitud de la trayectoria convergente permanece persistente porque la reacción no puede tener lugar debido a la falta de espacio para generar la reversibilidad, lo que

indica el límite de aplicación de la tercera ley de Newton. En el contexto de la teoría de Bepe Popu, esto sugiere que, aunque una masa continúa absorbiendo espacio (acción), no hay suficiente espacio disponible para que la reacción opuesta (expansión o rechazo) tenga lugar. Esto llevaría a una acumulación de dinamismo (energía potencial) que resulta en una transformación de la materia en dinamismo, limitando la aplicabilidad de la tercera ley de Newton en este escenario específico. En el contexto de la Teoría del Todo, la explosión es una liberación de dinamismo, y la reacción es una fuerza convergente que sincroniza las trayectorias de las masas y del espacio que definen la materia que compone la esfera en una única trayectoria de entrada, formando una nueva trayectoria que definirá un único elemento masivo de masa.

Resumen: Aplicando lo anterior a la explosión de una estrella que da lugar a un agujero negro, según la teoría propuesta:

Acción: la explosión de la estrella (supernova) es una liberación masiva de dinamismo en todas direcciones (omnidireccional). Esta fuerza expansiva se propaga por el espacio, expulsando materia, gran parte de la cual permanecerá próxima y aglomerada. Sin embargo, la energía liberada por la estrella afectará a miles o millones de años-luz, señalando una magnitud colosal, propagándose en forma de radiación electromagnética cuya dirección señalará siempre el camino hacia la fuente. La radiación electromagnética, en el contexto de esta teoría, se define como un estado de dinamismo y una forma de energía, debido al desplazamiento que define una estructuración definida de su trayectoria.

Como se ha descrito anteriormente, se puede deducir que el agujero negro, al ser una trayectoria convergente, manifestará el efecto de la gravedad. Todas las dinámicas con trayectorias diferentes de la trayectoria que define el agujero negro se sincronizarán con él si coinciden. Entonces, como el espacio es un elemento con trayectorias indefinidas, estas trayectorias se definirán en función de la trayectoria del agujero negro en la porción en la que coincidan. La coincidencia define la superficie del agujero negro. En conclusión, el agujero negro se encuentra en un espacio con trayectorias indefinidas, que las

definirán en la parte coincidente de su superficie. Este efecto de sincronización de las trayectorias del espacio es un proceso de transformación, en el que el espacio se transforma en masa, lo que llevará a la disminución del espacio, generando acercamiento si se da la condición intermedia. La "condición intermedia" implica que dos o más objetos ocupen un medio o, como en este caso, un espacio común.

La teoría propuesta define el dinamismo como el elemento fundamental del que derivan los otros elementos básicos, masa y espacio, esenciales para la formación y funcionamiento del universo. La Teoría de la Realidad presenta el proceso de formación del elemento fundamental a partir de una referencia y describe cómo esta referencia produce un cambio de estado de "Nada" a Existencial, a partir del cual se dará la condición de tangibilidad. En resumen, el conjunto de teorías propuesto explica la formación de la realidad misma.

Las teorías presentan un sistema funcional cíclico y acumulativo que argumenta no sólo la formación y el funcionamiento de la realidad, sino el aumento de la realidad desde una referencia muy pequeña hasta un universo real enorme, describiendo una expansión del universo entre ciclos. **La teoría propuesta puede proporcionar una definición individual para cada causas y efectos posible y probable en un Universo Estructurado.** En conclusión, es la única teoría que sostiene que todo está donde debe estar y actúa como debe actuar según el estado coincidente.

La principal diferencia entre la Teoría propuesta y las anteriores radica en su alcance, enfoque y presentación. Mientras que las teorías anteriores se centraban en explicar partes concretas del universo, a menudo de forma fragmentada y sin una conexión clara entre ellas, esta nueva Teoría propone un marco unificado y global. Todos los conceptos están interconectados en un funcionamiento cíclico bien definido, que parte de un estado primordial llamado "Nada" y evoluciona a través de ciclos sucesivos, cada uno de los cuales da lugar a un Universo ampliado.

Español

Es importante señalar que esta Teoría del Todo presentada no se basa en ecuaciones o fórmulas matemáticas. A diferencia de otras teorías científicas que se basan en ecuaciones o fórmulas matemáticas, existen teorías científicas como la Teoría de la Evolución de Darwin, donde su validez no depende de la precisión matemática sino de su capacidad para explicar sus causas de forma coherente y lógica. Del mismo modo, la Teoría a la que pertenece este artículo pretende explicar Todo o la Realidad, desde su origen hasta su funcionamiento actual sin incluir ecuaciones ni fórmulas matemáticas. No se trata de una teoría matemática o física, sino de una Teoría del Todo que se presenta a la humanidad en su conjunto y que, por tanto, cumple la condición de teoría científica del Todo por sus conceptos y para todos por la_forma simple en que se presenta.

Como autor, se reconoce que este planteamiento puede resultar decepcionante para algunos físicos y matemáticos, que pueden pensar que sus disciplinas bastarían para abarcar la complejidad de la realidad. La Teoría del Todo no pretende sustituir a estas disciplinas, sino complementarlas proporcionando un marco más amplio en el que puedan integrarse.

Por último, la Teoría del Todo presentada invita a la colaboración entre distintos campos del conocimiento, como la física, las matemáticas, la filosofía y otras disciplinas, para lograr una comprensión más profunda y completa de la realidad.

Todo y Realidad:

Las teorías propuestas por Bepe Popu incluyen conceptos como Todo y Realidad. Pero, ¿qué los conecta o diferencia? Para entenderlo mejor, debemos tener en cuenta que la teoría de Bepe Popu desafía algunos conceptos actualmente aceptados sobre el Universo. Uno de los desafíos es que afirma y argumenta que el Universo no se expande, sino que se contrae, perdiendo volumen, a pesar de que las observaciones indican expansión.

Este argumento a favor de un universo en contracción tiene la siguiente lógica: observar un universo en expansión es una interpretación errónea, porque el instrumento de medición, lo que se está midiendo y el observador forman parte del sistema variable que se está midiendo. Si el sistema se contrae, todo lo que forma parte de él se contraerá. Para facilitar la comprensión, es necesario considerar la equivalencia entre el Todo y la Realidad en un universo consolidado. El Todo es la suma de todo lo que existe, lo existencial que comprende elementos, efectos y acciones, donde es más exacto utilizar el término Realidad. El Todo no es algo incluido en otra cosa, el Todo es lo que existe, es la Realidad misma. Así, si el Universo se contrae, Todo disminuye, lo que equivale a disminuir la Realidad misma. Para procesar esto correctamente, tenemos que considerar que el Universo es la Realidad misma, que no se expande sólo por expandirse. La Realidad no disminuye en dinamismo, sino sólo en la cantidad de componentes y acciones durante una iteración universal completa, debido a la sincronización del dinamismo que la define.

La teoría propuesta define la Realidad como un sistema en constante evolución debido a la naturaleza acumulativa de sus causas y efectos. En la expansión de la Realidad, en la formación de un nuevo ciclo universal, donde la expansión y formación del universo se definen como una fractura o desintegración por la desincronización del dinamismo que define el elemento existencial único formado al completarse el ciclo anterior, resultan elementos tangibles de dinamismo estructurado distribuidos en un elemento intangible no estructurado. De ello se deduce que la formación de la multitud de masas en un espacio común, semejante a un Universo Primordial, es la formación de un nuevo universo, el comienzo de un nuevo ciclo. Pero, como la Realidad no está incluida en otro sistema, no se trata exactamente de una expansión como una explosión, sino de una expansión de la Realidad en sí misma, de un aumento de su volumen y de sus componentes, de una disminución de su densidad. Por esta razón, la definición de la actuación de la expansión como la generación de varias referencias con sus diferencias desde una referencia única, es la más acertada pero difícil de procesar para los intelectos comparativos.

Para comprender mejor la expansión, debemos considerar que no hay expansión en sí, sino un proceso condicionado de transformación. El universo no se expande infinitamente, el aumento es de la Realidad misma en cada ciclo completo, donde la expansión es una colocación de divisiones en un espacio en formación. Este proceso no es dinámico, sino una división por desintegración pasiva del mismo dinamismo. Después de la expansión, se dan las condiciones para la gravedad, donde las condiciones son la masa y el espacio. La gravedad es la sincronización del dinamismo con trayectorias indefinidas que definen el espacio, por las trayectorias del dinamismo con trayectorias definidas que definen la masa. Esta sincronización disminuirá el espacio total y, debido a la condición intermedia, genera aproximación, lo que indica aceleración. Al desaparecer completamente el espacio, por estar sincronizado, resultará un único elemento definido que englobará todo el dinamismo existente, sincronizado en una única trayectoria convergente. Pero incluso partiendo de un elemento y terminando el ciclo en un único elemento, éste ultimo tendrá una magnitud dinámica aumentada debido a la aceleración.

La expansión no es dinámica, pero la contracción sí lo es, y el carácter dinámico se debe a la aceleración intermedia y convergente. Esto explica la magnitud volumétrica del Universo actual, que es el resultado de las sucesiones de ciclos anteriores, donde la magnitud dinámica ha aumentado en cada ciclo universal. Cada ciclo parte de un elemento que la teoría propuesta define como la Masa Primordial, constituida por todo el dinamismo existente sincronizado en una trayectoria de entrada convergente. Pero para que existan trayectorias se necesita espacio, por lo que si sólo hay una masa, no hay espacio, y las trayectorias no podrán manifestarse, fracturándose la masa. Dicho de otro modo, si un vórtice convergente de entrada no tiene espacio, no podrá manifestarse y se desintegrará por falta del medio esencial para la manifestación.

Tenemos que mirar en más de un sentido para entender los principios de funcionamiento. Mirando desde la perspectiva de la tangibilidad, si todo tuviera la misma consistencia, no sólo se anularía el concepto intangible, sino también el tangible. Si no hay diferencias, no hay referencias y viceversa. La Realidad se compone de dinamismo

definido como potencialidad. Éste es el único elemento fundamental de la Realidad misma. No debemos considerar el dinamismo como energía, sino como la base de todo, incluida la energía, la masa, el espacio y mucho más. Todo es una manifestación del dinamismo, que abarca la acción, no sólo los elementos. Intentamos adaptar la realidad a nuestra comprensión cuando lo correcto es todo lo contrario.

Las teorías anteriores no consideran la formación de la Realidad, sino que parten ilógicamente de un punto infinitamente denso, que se expande sin lógica y consideran que seguirá expandiéndose infinitamente, generando más incertidumbre que definiciones. La teoría presentada define un sistema funcional, acumulativo y repetitivo, que va desde los elementos hasta las acciones, abarcando más conceptos que cualquier teoría anterior.

Energía y dinamismo: una nueva perspectiva.

El concepto de energía se refiere a un conjunto de efectos de distinta naturaleza y manifestación. La energía es un concepto fundamental en la ciencia, que describe la capacidad de un sistema para funcionar o producir cambios. Esta capacidad se manifiesta de diversas formas en la naturaleza, y cada una de estas formas se conoce como una manifestación de energía cuando en realidad es una manifestación del dinamismo, donde la energía es simplemente el efecto observable.

¿Por qué es válido?

La validez de la afirmación radica en que la energía no es una entidad única y homogénea, sino que se presenta en diversas formas

interconvertibles. Algunas de las manifestaciones observables más comunes de la energía según la aceptación científica actual incluyen:

- Energía cinética: asociada al movimiento de los objetos.
- Energía térmica: relacionada con la temperatura y el movimiento de las partículas que componen un sistema.
- Energía eléctrica: resultado del movimiento de cargas eléctricas.
- Energía química: almacenada en los enlaces químicos de las moléculas.
- Energía nuclear: liberada durante las reacciones nucleares.
- Energía electromagnética: transportada por ondas electromagnéticas como la luz.

La energía potencial se almacena en un sistema debido a su posición o configuración. Es, de hecho, dinamismo puro, que se define como dinamismo no iniciado, pero que se considera energía por su potencialidad.

Estas manifestaciones de la energía pueden transformarse unas en otras. La ciencia actual cree que la magnitud total de la energía en un sistema aislado siempre se conserva, pero en realidad lo que siempre se conserva es el dinamismo. Este principio fundamental se conoce como ley de conservación de la energía, aunque en realidad se refiere al dinamismo como elemento, no a la energía como concepto.

Ejemplos de la diversidad de efectos y manifestaciones energéticas:

- La energía solar se convierte en energía química durante la fotosíntesis.
- La energía química de los alimentos se transforma en energía mecánica y térmica en nuestro organismo.
- La energía potencial gravitatoria de un objeto en altura se transforma en energía cinética al caer.
- La electricidad se convierte en calor en un calentador.

Se puede establecer una capacidad de conversión extrema, según la teoría propuesta por Bepe Popu, que se atribuye a un elemento llamado Dinamismo. Estos son sólo algunos ejemplos de cómo se manifiesta y transforma la energía en diferentes contextos, que de hecho definen el dinamismo como elemento. La diversidad de efectos y manifestaciones de la energía es un reflejo de la complejidad e interconexión de los fenómenos naturales generados por la sucesión de causas y efectos. Si la energía representa los efectos, el dinamismo define la causa.

La energía como concepto generalizado y su relación con el dinamismo:

La energía es un concepto generalizado del Universo que representa algo específico: la posibilidad de cambio con una magnitud constante aplicada. La energía engloba la capacidad de un sistema para generar cambios, y la magnitud de estos cambios está directamente relacionada con la cantidad de energía implicada/aplicada. La energía no es algo tangible en sí mismo, sino una propiedad o atributo de los sistemas que les permite interactuar y transformarse. La posibilidad inherente de cambio, y el alcance de ese cambio definen la energía.

La energía como simplificación intelectual:

La energía, como concepto, es una simplificación intelectual creada para comprender y cuantificar las interacciones y transformaciones que observamos en la realidad física. Es una herramienta conceptual que nos permite describir y predecir cambios en los sistemas, pero no es una entidad física tangible en sí misma.

En última instancia, la energía es una abstracción generalizada que surge de nuestra observación de las causas y efectos objetivos en la naturaleza. Es una forma de organizar y dar sentido a la complejidad de la realidad física, pero no es la realidad última en sí misma.

La ciencia en general se basa en crear modelos y conceptos que nos ayuden a comprender la realidad, pero estos modelos son siempre

simplificaciones y aproximaciones a la verdadera naturaleza de las cosas. La energía como concepto no es una excepción a esta regla.

Extrapolando el concepto de energía y la definición de dinamismo postulados por Bepe Popu:

Extrapolando el concepto de energía y la definición postulada de dinamismo, la propia energía no es más que un concepto que define un elemento físico fundamental denominado en su teoría "dinamismo". Por analogía, la energía no es más que la representación subjetiva, en dinero, de la cantidad total de oro existente, mientras que el oro es la representación del dinamismo existente en un sistema universal.

Siguiendo la línea de pensamiento y observación de Bepe Popu, que postula que el universo está compuesto por tres elementos fundamentales (masa, espacio y energía) y define la energía como el elemento que mide el dinamismo del universo, la extrapolación es coherente, hasta si va a generar criticas.

En este sentido, si pensamos que la energía representa un elemento físico fundamental llamado "dinamismo", podríamos establecer una analogía con el oro y el dinero:

- **Dinamismo (oro):** Sería el elemento físico fundamental, tangible y mensurable que existe en el universo y es responsable de todo cambio y movimiento.
- **Energía (dinero):** sería la representación subjetiva y cuantificable del dinamismo, una forma de medir y expresar la cantidad de dinamismo presente en un sistema o proceso.

Al igual que el dinero representa el valor del oro y nos permite intercambiarlo y utilizarlo en diferentes transacciones, el concepto de energía representaría el valor del dinamismo y nos permitiría medir y comprender los cambios y transformaciones que tienen lugar en el universo.

Sin embargo, es importante señalar que se trata de una interpretación hipotética, como extrapolación del concepto de energía, basada en las ideas de Bepe Popu. La comunidad científica aún no ha llegado a un consenso sobre la naturaleza fundamental de la energía y su relación con otros conceptos físicos.

La analogía propuesta es útil para visualizar y comprender la relación entre energía y dinamismo, pero es importante tener en cuenta que se trata de una simplificación y que la realidad es más compleja y polifacética.

El espacio como entidad real: Explorando su relación con la energía y la materia

Creación de espacio: Este artículo propone un experimento sencillo para investigar la relación entre espacio, energía y materia, y cómo la energía puede generar espacio. Los componentes del experimento (jeringa, aire, globo) representan la materia, mientras que la fuerza ejercida sobre el émbolo de la jeringa representa la energía o dinamismo, y el volumen hasta vacío generado dentro de la jeringa representa el espacio y puede ser medido en volumen o separación de igual la fuerza empleada puede ser medida en energía.

Experimento 1 - Jeringa en un globo:

Al tirar del émbolo de una jeringa sellada dentro de un globo inflado, se crea un vacío en su interior. Este vacío no es simplemente la ausencia de materia, sino un espacio real detectable que antes no existía. El volumen total del sistema (globo + jeringa) aumenta proporcionalmente al volumen de vacío generado, lo que provoca una disminución en la densidad del aire dentro del globo.

La energía utilizada para crear este vacío se conserva dentro del sistema. Al soltar el émbolo, el sistema regresa a su estado inicial,

recuperando la energía, la densidad del aire y el volumen original del globo con desaparición del espacio creado.

Experimento 2 - Jeringa en el vacío:

Al repetir el experimento en el vacío, donde la densidad de partículas es prácticamente nula, el resultado es diferente. Al tirar del émbolo, no hay cambio en la densidad del entorno, ya que no hay materia que desplazar. La energía requerida para mover el émbolo es menor debido a la ausencia de resistencia del aire. Al soltar el émbolo, este no regresa a su posición original, ya que la energía utilizada se disipó principalmente en forma de fricción que genero calor y pequeña fragmentación de la materia.

Conclusiones

Este experimento ilustra cómo la aplicación de energía sobre la materia puede generar espacio, un proceso que, en condiciones ideales, es reversible. Aunque el volumen total del sistema (jeringa + globo + aire) permanece constante en el primer experimento, la distribución del espacio cambia, creando un vacío (nuevo espacio) importante y irrefutable, fácil de observar dentro de la jeringa.

La energía empleada para crear este vacío no desaparece, sino que indica la reversibilidad en el proceso de formación y desaparición del volumen creado. En este sentido, podemos interpretar que la energía se transforma, hasta temporalmente en espacio.

Este experimento desafía la concepción tradicional del espacio como una mera ausencia de materia, demostrando que es una entidad física irrefutable con propiedades mensurables que puede ser manipulada y modificada mediante la aplicación de energía. El espacio, por lo tanto, no es simplemente un vacío pasivo, sino un componente activo en la relación entre materia y energía.

La aplicación de energía para modificar el espacio (aumentándolo o disminuyéndolo) es un fenómeno omnipresente en el universo. Todo movimiento o cambio de posición implica energía, la cual, según esta teoría, es una manifestación estructurada y dirigida del dinamismo, un concepto más fundamental que subyace a la energía. La diversidad de formas de energía como conceptos refleja la diversidad de manifestaciones del dinamismo como elemento.

El experimento propuesto, aunque interpretable en términos de energía según la ciencia actual (ignorando el aumento de volumen), demuestra visualmente, la creación de espacio como un volumen nuevo que se suma al volumen preexistente del sistema. La ciencia actual interpretaría el experimento de la jeringa como una simple redistribución del aire dentro del globo, ignorando la creación de nuevo espacio. **Esta evidencia visual irrefutable facilita la comprensión y el análisis comparativo a nivel intelectual, completando la interpretación convencional que se centra únicamente en la redistribución de la materia y energía pre existente.**

Evidencias y equilibrio total:

Está demostrado que los sistemas aislados o cerrados tienden al equilibrio. Esto se observa en diversos fenómenos naturales, desde la termodinámica hasta la biología y la ecología.

La cuestión esencial es saber si el universo en su conjunto puede alcanzar el equilibrio total y final. Aquí, la teoría de Bepe Popu propone una hipótesis interesante, que puede ser la clave funcional universal.

Por un lado, la segunda ley de la termodinámica establece que la entropía (una medida del desorden) en un sistema aislado tiende a aumentar con el tiempo. Esto sugiere que el universo puede estar avanzando hacia un estado de máxima entropía, en el que la energía se distribuye uniformemente y no se producen más cambios ni procesos.

Por otra parte, las observaciones astronómicas han sido interpretadas por la comunidad científica como una expansión acelerada del universo, lo que implicaría una distribución desigual de la energía y la continuidad de los procesos dinámicos a gran escala.

La teoría propuesta por Bepe Popu trata de conciliar estas observaciones, proponiendo que el universo experimenta trayectorias intermedias entre cúmulos, generadas por la masa, pero el conjunto de cúmulos de masa también sigue trayectorias intermedias que acabarán generando una trayectoria convergente hacia un equilibrio total, debido a la disminución del espacio total por sincronización. Este equilibrio, sin embargo, no es estático ni definitivo, sino un punto de inflexión en el que el dinamismo se transforma, dando lugar a un nuevo ciclo de expansión y cambio.

Esta hipótesis presenta una visión y una comprensión inusuales pero lógicas de la naturaleza del tiempo, la evolución del universo y la posibilidad de ciclos cósmicos recurrentes, explicando la magnitud actual del universo y su carácter dinámico por la inevitable interacción entre la masa y el espacio (gravedad). Sin embargo, es importante señalar que se trata de una teoría nueva que aún no ha sido confirmada por la comunidad científica en general.

La investigación científica sigue explorando la naturaleza del universo y sus leyes fundamentales. Es probable que futuras observaciones y descubrimientos nos proporcionen una comprensión más profunda de la energía, el dinamismo y el destino final del cosmos, donde esta teoría puede tener importantes implicaciones.

Conclusión: Convergencia y equilibrio en el Universo.

En conclusión, si todo el dinamismo del universo se sincronizara en una única trayectoria convergente, el universo se volvería estático. Sería similar a dos objetos siguiendo la misma trayectoria con la misma velocidad, pero como la trayectoria es omnidireccionalmente convergente, el desplazamiento se anularía por falta de espacio interno

para manifestarse y por la formación del apoyo céntrico (soporte central), pero la magnitud dinámica se mantendría. Como ejemplo hipotético, es como cuando acercarás dos dedos de manos diferentes a la misma velocidad, y al unirse dejan de moverse, aunque seguirás sintiendo la presión.

En este escenario, el universo alcanzaría un estado de equilibrio total, sin diferencias entre referencias. Esto implicaría la ausencia de cambios, procesos o transformaciones, lo que daría lugar a un universo estático sin evolución.

Sin embargo, es importante subrayar que hasta ahora se trata de una extrapolación teórica incompleta, basada en la idea de una convergencia total del dinamismo en un punto central, formando una convergencia omnidireccional definida por una única trayectoria convergente y persistente.

La teoría propuesta por Bepe Popu propone que el equilibrio total es un punto de inflexión, donde el dinamismo sincronizado se transforma por la pérdida de sincronización, dando lugar a un nuevo ciclo de expansión y cambio. Esto sugiere que, incluso en un escenario de convergencia total, el equilibrio se rompe debido a la desaparición de una condición necesaria para su mantenimiento: la gravedad. La gravedad depende de la coexistencia de masa y espacio, por lo que la desaparición total del espacio, condición esencial de la gravedad, desencadenaría la desintegración del vórtice que define la Masa Primordial, iniciando un nuevo ciclo de evolución cósmica.

El proceso sería el siguiente:

En un universo consolidado, la masa sincroniza el espacio circundante, generando la gravedad. Hay dos condiciones existenciales para la gravedad: la existencia del espacio, definido por su dinamismo con trayectorias indefinidas, y la masa, caracterizada por una trayectoria convergente definida. Esta sincronización de trayectorias transforma el

espacio en masa, lo que provoca la desaparición del espacio al ser absorbido/sincronizado y convertido en masa.

Este proceso culmina con la formación de la Masa Primordial, que se convierte en el único elemento existente en ese momento. Sin embargo, al desaparecer el espacio, desaparece también una de las condiciones fundamentales para la manifestación de la gravedad, esencial para mantener la trayectoria convergente (estructuración) que define a la Masa Primordial. Sin gravedad, la Masa Primordial, caracterizada por un vórtice convergente, se desintegra en muchos vórtices convergentes más pequeños, y parte de su dinamismo se transforma en espacio, definido por un dinamismo con trayectorias indefinidas.

La desintegración de la Masa Primordial genera varios elementos que persisten como vórtices convergentes de magnitudes menores, que definen las masas. La existencia de múltiples masas implica la existencia de separación reciproca, manifestada como espacio. Este espacio es dinamismo con trayectorias indefinidas, generado a partir de la misma magnitud dinámica que definió la Masa Primordial, cuyo dinamismo ha perdido su integridad singular estructural convergente.

La formación de masas (múltiples) y espacio por la desintegración del elemento Masa Primordial inicia un nuevo ciclo cósmico, que actuará transformando y sincronizando el espacio, generando sucesiones de causas y efectos. Este ciclo conducirá a la formación de todos los elementos conocidos en un universo consolidado, incluida la energía. Las sucesiones de causas y efectos dentro de un ciclo universal culminarán con la formación de otra masa primordial de mayor magnitud.

Por lo tanto, si la masa primordial se define por el dinamismo, se produce un aumento del dinamismo en cada ciclo universal completo. Puesto que la masa primordial es el único elemento existente en esta época primordial correspondiente, define la realidad. En consecuencia, el aumento de la masa primordial en cada ciclo implica un aumento de la realidad misma, lo que explica la magnitud actual del Universo.

Si la teoría propuesta resulta válida, tendría implicaciones revolucionarias para nuestra comprensión de la realidad y el universo. Cambiaría radicalmente nuestra comprensión de conceptos fundamentales como la energía, el espacio, el tiempo y la evolución cósmica.

Muchos de los conocimientos y teorías actuales sobre el universo podrían cuestionarse o incluso refutarse. La idea de un universo cíclico, compuesto por un elemento fundamental llamado Dinamismo, cuestionaría las concepciones tradicionales del Big Bang y la expansión lineal del universo.

Además, la idea de que la masa primordial aumenta con cada ciclo cósmico y define la realidad tendría profundas implicaciones para nuestra comprensión de la existencia y la naturaleza de la materia.

Pero se necesitan más investigaciones y pruebas para determinar su validez e impacto en el campo de la física y la cosmología.

Si la teoría resulta ser cierta, nos enfrentaríamos a un cambio de paradigma sin precedentes en nuestra comprensión del universo. Sería un momento desafiante para la ciencia, que nos obligaría a replantearnos nuestras ideas más fundamentales y a explorar nuevas fronteras del conocimiento.

La Reversibilidad en la ciencia actual:

Según la ciencia actual, toda materia que se transforma en otras sustancias puede, en principio, volver a su estado original. Esta idea de reversibilidad se basa en la ley de conservación de la masa, que establece que la materia no se crea ni se destruye, sino que sólo se transforma. Aunque nuestras capacidades científicas y tecnológicas actuales no siempre nos permiten reproducir estos procesos de reversión en su totalidad, las teorías aceptadas lo indica como posible.

Esta afirmación se ajusta a la ley de conservación de la masa, un principio fundamental de la ciencia, aunque nuestras posibilidades científicas y tecnológicas actuales no reproduzcan plenamente estos efectos. Esta ley establece que en cualquier reacción química o transformación física, la masa total de los reactantes es igual a la masa total de los productos. En otras palabras, la materia no se crea ni se destruye, sino que sólo se transforma.

Esto significa que, aunque una sustancia cambie de forma química, estado o composición, los átomos que la componen siguen presentes y pueden reorganizarse para formar otras sustancias. Por ejemplo, el agua (H_2O) puede descomponerse en hidrógeno (H) y oxígeno (O_2) por electrólisis, y estos gases pueden recombinarse para formar agua de nuevo.

Sin embargo, existen importantes limitaciones tecnológicas:

- **Reacciones nucleares:** En reacciones nucleares como la fisión y la fusión, una pequeña cantidad de masa se convierte en una magnitud colosal de energía, según la famosa ecuación de Einstein $E=mc^2$. Aunque parezca contradecir la ley de conservación de la masa, en realidad es una extensión de la misma, porque masa y energía son dos formas de la misma cosa, y están avaladas por la ciencia y esta misma teoría.
- **Limitaciones prácticas:** en la práctica, puede resultar difícil o incluso imposible invertir algunas transformaciones de la materia. Por ejemplo, quemar un trozo de madera produce cenizas, dióxido de carbono y otros productos. Aunque teóricamente es posible recombinar estos productos para volver a formar madera, sería un proceso extremadamente complejo y de alto consumo energético.

La teoría de Bepe Popu y la reversibilidad:

Extrapolando el concepto de reversibilidad a la formación y composición de los agujeros negros, donde Masa es Dinamismo,

definido como una trayectoria convergente entrante que sincroniza el espacio o masas menores que entran en contacto con su superficie, se podría concluir que, debido a la reversibilidad del proceso, la composición del agujero negro no es materia. Por el contrario, es un elemento fundamental a partir del cual puede generarse toda la materia, la energía e incluso el espacio.

La teoría propuesta por Bepe Popu postula que un agujero negro es dinamismo puro y estructurado, siendo el dinamismo el elemento fundamental. Según esta teoría, un agujero negro es simplemente una partícula de masa indivisible con una magnitud dinámica extrema.

Puntos respaldados por la ciencia:

- **Ley de conservación de la masa:** La idea de que la materia no se crea ni se destruye, sino que se transforma, es un principio fundamental de la ciencia. Esto significa que, en teoría, la materia transformada podría volver a su estado original si se invirtieran los procesos químicos o físicos implicados.
- **Ejemplos de reversibilidad:** La electrólisis del agua y su posterior recombinación a partir de hidrógeno y oxígeno es un ejemplo concreto de cómo la materia puede transformarse y volver a su estado original.

Puntos que requieren aclaraciones o explicaciones adicionales:

- **Limitaciones tecnológicas:** El artículo menciona correctamente que existen limitaciones tecnológicas que dificultan la reversibilidad en algunos casos. En la práctica, revertir ciertas transformaciones puede ser extremadamente difícil o incluso imposible con la tecnología actual.
- **Reacciones nucleares:** En las reacciones nucleares, una cantidad muy pequeña de masa se convierte en una magnitud enorme de energía, lo que parece contradecir la ley de conservación de la masa. Sin embargo, la teoría de la relatividad de Einstein afirma que la masa y la energía son equivalentes, por

lo que la ley sólo es válida si la energía se considera una forma de masa.

- **Los agujeros negros y la teoría de Bepe Popu:** La extrapolación de la reversibilidad a los agujeros negros y la teoría propuesta por Bepe Popu pueden considerarse especulativas, pero se apoyan en pruebas científicas muy sólidas. Aunque la naturaleza de los agujeros negros y su relación con la materia y la energía siguen siendo objeto de investigación activa.

En conclusión:

La idea de que la materia puede transformarse y volver a su estado inicial se apoya en la ley de conservación de la masa. Sin embargo, existen limitaciones prácticas y teóricas, sobre todo en el caso de reacciones nucleares y escenarios extremos como los agujeros negros. La teoría de los agujeros negros de Bepe Popu es muy reciente y necesita más investigación y pruebas para ser considerada científicamente válida.

¿Por qué en el Universo o en la Realidad predominan los desplazamientos orbitales elípticos, fácilmente detectables en el desplazamiento planetario?

Tanto los planetas como las lunas o los satélites naturales tienen un desplazamiento orbital elíptico.

El desplazamiento orbital elíptico es un desplazamiento compuesto, una combinación entre la oscilación intermedia y un desplazamiento orbital. El desplazamiento orbital es muy especial e importante porque permite el almacenamiento de dinamismo al permitir magnitudes muy variadas pero condicionadas del enlace formado por el apoyo recíproco. La peculiaridad del desplazamiento intermedio es la referencia entre las diferencias, donde las referencias son diferencias en la trayectoria del desplazamiento, ya que el desplazamiento es circular en un plano orbital y no tiene un destino definido; es un desplazamiento con destino

indefinido con una referencia céntrica al plano en el que actúa. La formación y persistencia del desplazamiento orbital está condicionada existencialmente por el apoyo recíproco céntrico.

Aunque esta teoría se centra en la interacción y acción de las masas a escalas observables, su relevancia se extiende al ámbito subatómico, donde el comportamiento de las masas que constituyen el átomo como sistema funcional sigue los mismos principios. La elección de presentar la teoría en magnitudes mayores se debe a la facilidad de observación y detección de los efectos a escalas macroscópicas, evitando así la necesidad de experimentos complejos a nivel subatómico. No obstante, la teoría postula que los principios fundamentales que rigen la interacción entre masa y espacio son aplicables a todas las escalas, desde lo cósmico hasta lo subatómico.

En resumen, la formación del efecto orbital elíptico es un fenómeno individual condicionado por la pertenencia a un grupo de masas. Cada masa involucrada sincroniza/absorbe el espacio circundante de manera proporcional a su propia magnitud, manteniendo una tasa de absorción constante siempre que su masa permanezca invariable. Sin embargo, la sincronización/absorción del espacio en la superficie de la masa no necesariamente es uniforme, ya que, si en alguna región se impide la absorción, las áreas restantes compensarán este déficit incrementando su tasa de absorción para mantener la magnitud total de sincronización/absorción proporcional a la masa absorbente/sincronizadora. Esta compensación del déficit, que incrementa la tasa de absorción para mantener la magnitud total de sincronización/absorción proporcional a la masa absorbente/sincronizadora, genera desplazamientos en una dirección correspondiente a la región de mayor absorción. Es importante recordar que el desplazamiento es simplemente la disminución o aumento del

espacio, que puede ser direccional u omnidireccional. Sin embargo, la absorción omnidireccional solo genera desplazamientos recíprocos debido a la interacción en un espacio intermedio, manifestándose como acercamiento o alejamiento si se cumple la condición de dos o más masas, si solo existe una masa que ocupe el espacio no se detectará desplazamiento, solo una disminución del espacio por ser absorbido/sincronizado. En contraste, la absorción direccional genera desplazamientos en la dirección de la absorción, en este caso, hacia la región con mayor tasa de sincronización/absorción.

Las masas se aproximan hasta que sus absorciones o sincronizaciones del espacio interfieren entre sí. Esta interferencia genera una insuficiencia de espacio para absorber/sincronizar en la zona intermedia, lo que provoca una desuniformización de la absorción en sus superficies y, en consecuencia, un alejamiento mutuo. Sin embargo, al alejarse, las absorciones se vuelven a uniformizar en sus superficies, absorbiendo/sincronizando de forma omnidireccional. Este proceso genera un nuevo acercamiento recíproco hasta que se produce nuevamente un déficit de espacio con la desuniformización de la absorción, reiniciando el ciclo de alejamiento.

Este fenómeno resulta en un efecto continuo de acercamiento y alejamiento que define la oscilación intermedia. Dicho efecto es responsable de las mareas oceánicas en nuestro planeta debido a la interacción con la luna, pero también genera un importante apoyo recíproco oscilante que mantiene las masas cercanas y apoyadas/acopladas.

Una vez próximas y oscilando entre sí en el plano intermedio, se genera un desplazamiento adicional de tipo orbital, debido a la ausencia de apoyo en dicho plano. La combinación de este desplazamiento intermedio o la oscilación intermedia con el desplazamiento orbital da como resultado el desplazamiento orbital elíptico, ya observado en el desplazamiento de planetas alrededor del Sol o de la Luna alrededor de

la Tierra. Este comportamiento inherente a las masas en interacción es extrapolable a escalas más pequeñas, como el desplazamiento de los componentes elementales de un átomo en un sistema atómico.

En el contexto presentado, se puede inferir que la formación del efecto orbital elíptico entre masas o agrupaciones de masas como un "fenómeno individual condicionado por la pertenencia a un grupo de masas" sugiere lo siguiente:

1. **Individualidad:** Cada masa dentro de un sistema (por ejemplo, un planeta en un sistema solar) tiene su propio comportamiento de absorción/sincronización del espacio, que es proporcional a su magnitud. Esto significa que cada masa contribuye de manera única a la dinámica del sistema.
2. **Condicionamiento de grupo:** Al mismo tiempo, el comportamiento individual de cada masa está influenciado por la presencia e interacción con las otras masas del sistema. La interferencia de las absorciones/sincronizaciones del espacio entre las masas es lo que genera la oscilación intermedia y, en última instancia, la formación de órbitas elípticas.

Por lo tanto, aunque cada masa tiene un comportamiento individual, este está modelado y limitado por su pertenencia a un grupo de masas. Las órbitas elípticas son el resultado de esta compleja interacción entre individualidad y condicionamiento de grupo.

¿Por qué la Luna nos muestra siempre la misma cara?

Según la teoría presentada por Bepe Popu, la gravedad es una absorción/sincronización del espacio por el componente masa y es proporcional a la masa implicada. La teoría postula que dos masas no pueden combinarse para formar una de mayor magnitud, pero pueden asimilarse o desintegrarse si se cumplen las condiciones de magnitud necesarias, aunque sí pueden hacerlo las aglomeraciones de masas. La acción de la masa en el universo confiere características a la aglomeración a la que pertenece, lo que conduce a un comportamiento

similar. En una aglomeración de masas, todas las masas que la componen absorberán individualmente espacio, y estas absorciones se sumarán en magnitud, aumentando la gravedad de la aglomeración. La gravedad de una aglomeración de masas es, por tanto, proporcional a la cantidad de masa en las aglomeraciones implicadas. La Tierra y su satélite natural, la Luna, no son más que dos aglomeraciones separadas de masas que interactúan en un espacio común.

En el comportamiento de masas propuesto, se postula que si dos masas se aproximan inevitablemente debido a la condición intermedia (dos o más masas situadas en un espacio común), se genera una depresión en el espacio intermedio. Esta depresión modifica la trayectoria de aproximación, provocando un distanciamiento mutuo hasta que la depresión desaparece. Una vez que la depresión se disipa, la aproximación se reanuda debido a la uniformización de la absorción en las superficies de las masas implicadas con absorción constante y proporcional a la cantidad de masa que los componen.

Esto se debe a que la magnitud de la absorción total en una masa es constante, pero no necesariamente uniforme en toda la superficie. Al acercarse a cierto punto, la formación de la depresión intermedia afecta a la uniformidad de la absorción en la superficie de las masas. La incapacidad de absorber suficiente espacio del intermedio, debido a la interferencia con las otras absorciones, aumenta la absorción en las zonas no intermedias, generando un distanciamiento entre las masas hasta que la depresión desaparece y las absorciones vuelven a ser uniformes en toda la superficie, permitiendo de nuevo el acercamiento por la absorción del espacio intermedio.

Según el comportamiento y la acción postulados para la Masa en la Teoría del Todo propuesta por Bepe Popu, la Luna nos muestra siempre la misma cara debido a la concentración de masa en su superficie. La cara más lejana, que no podemos observar desde la Tierra, muestra un mayor número de colisiones de asteroides, según la cantidad de cráteres de impacto, lo que confirma una mayor aglomeración de masa en esa zona, entonces tendrá una mayor actuación/absorción sobre el espacio indicando una mayor gravedad.

El hecho de que esta cara invisible desde la Tierra permanezca orientada hacia el lado no intermedio sugiere una relación entre masa y espacio, lo que confirma la absorción. La cara que permanece oculta a la observación terrestre tiene una gravedad mayor que la cara visible desde la Tierra, lo que indica la dirección con más espacio disponible para la absorción, donde la absorción es libre. Una mayor gravedad requiere más espacio porque no hay atracción entre las masas. Esta evidencia de orientación apoya la idea de que la gravedad es un efecto entre masa y espacio, no entre masa y masa.

Es importante distinguir entre masa y masas: masas indica una aglomeración de elementos de masa independientes que contienen espacio, es decir, varios elementos de masa con separación, implica la separación/espacio. Masa, en cambio, se refiere a una estructura, un elemento individual, indivisible en sí mismo, una partícula.

El impacto de la absorción del espacio por la Luna y el argumento de la depresión intermedia pueden detectarse fácilmente en la formación de las mareas oceánicas. Las mareas no son el resultado de una atracción de la Luna, sino de la depresión del espacio, donde la misma masa de agua oceánica ocupará un espacio intermedio menor.

Debido a la diferencia proporcional de masa entre las caras de la Luna, mostrar la cara más lejana aumentaría las mareas oceánicas porque la depresión que se formaría sería mucho más fuerte.

La forma elíptica de la órbita de la Luna alrededor de la Tierra se argumenta por el aumento y la disminución de la magnitud de la depresión intermedia. Es una combinación de un desplazamiento orbital y de la oscilación intermedia causada por el aumento y la disminución de la depresión intermedia.

Según la teoría propuesta por Bepe Popu, los mismos efectos observados en los desplazamientos planetarios y del sistema solar pueden aplicarse a escalas menores, como el sistema atómico. Las

explicaciones dadas en este artículo a los fenómenos observados se basan en los principios de la teoría de Bepe Popu.

Definición de tangibilidad:

Para describir la transformación del dinamismo en otros elementos, es necesario definir la tangibilidad. Es necesario considerar diferentes niveles de estructuración del dinamismo, que dan lugar a la diversidad de formas y propiedades que observamos en el universo.

Un ejemplo ilustrativo es el uso hipotético de una cantidad considerable de aire y una magnitud dinámica predeterminada. La misma cantidad de aire y la misma magnitud dinámica pueden manifestarse de formas muy distintas, según cómo se estructure el dinamismo. Un viento suave y difuso tiene un bajo nivel de estructuración, mientras que un tornado, compuesto por los mismos elementos pero con un vórtice fuertemente organizado, tiene un alto nivel de estructuración. Es esta diferencia de estructuración la que determina la capacidad destructiva de cada fenómeno. Así pues, es la estructuración del dinamismo, y no la cantidad de aire o la magnitud total de la energía, lo que define la tangibilidad. Si el dinamismo es el elemento fundamental, su estructuración es lo que da lugar a todos los demás elementos y fenómenos observados en el universo.

El dinamismo puede hipotetizarse como la luz. En su estado natural, la luz se dispersa en todas direcciones como un viento suave. Esta luz dispersa tiene una intensidad baja y no es muy útil para realizar tareas específicas.

Sin embargo, podemos manipular la luz para concentrarla en un haz estrecho y muy direccional: el láser. Este haz de luz láser tiene nuevas características que la luz difusa no tiene, como cortar materiales de gran dureza.

Del mismo modo, el dinamismo en su estado natural es "desestructurado", como la luz dispersa. Pero cuando el dinamismo se

estructura, enfoca y dirige, puede cambiar sus características y hacerse tangible. En la Teoría del Todo de Bepe Popu, es esta estructuración del dinamismo lo que da existencia a la masa.

Al igual que el láser es una forma altamente estructurada de luz, la masa es una forma altamente estructurada de dinamismo. Y al igual que el láser tiene características que la luz dispersa no tiene, la masa puede interactuar con el espacio y crear fenómenos como la gravedad, que el dinamismo no estructurado como el espacio no puede.

Este concepto de dinamismo estructurado es la clave para comprender la teoría propuesta. La materia, la energía, el espacio e incluso el tiempo o la cognición serían diferentes manifestaciones del dinamismo, cada una con su propio nivel de estructuración.

Para argumentar mejor los conceptos de dinamismo estructurado, consideremos una explosión nuclear en la que sólo se utiliza una cantidad muy pequeña de materia, pero la explosión resultante es colosal en comparación con la cantidad de materia utilizada, en la que la ciencia actual no define completamente el efecto resultante basándose en la ley de conservación. En este caso extremo, la explosión se debe únicamente a la desintegración de la masa que define la cantidad de materia utilizada. Pero dado que la masa es dinamismo estructurado que se desintegra y que la masa se define por trayectorias convergentes, la explosión no es más que la liberación de ese dinamismo. Cuando un dinamismo estructurado se desintegra, perderá su estructuración convergente definida, transformándose en espacio definido por trayectorias indefinidas. El aumento de espacio provoca lo que llamamos la onda de choque y la explosión propiamente dicha.

Veamos cómo se relacionan los conceptos:

1. **La masa como dinamismo estructurado:** La teoría parte de la base de que la masa no es una entidad fundamental, sino una

manifestación del dinamismo en un estado altamente estructurado, caracterizado por trayectorias convergentes.

2. **Explosión nuclear y desintegración de la masa:** En una explosión nuclear, la estructura que define la masa se desintegra. Esto significa que las trayectorias convergentes apoyadas que definen la masa se ven afectadas, liberando toda la magnitud del momento contenido en ella.
3. **El dinamismo liberado como energía y espacio:** El dinamismo liberado se manifiesta de dos formas principales:
   - **Energía:** La energía liberada por la explosión produce movimiento, es una manifestación de dinamismo en un estado menos estructurado que la masa inicial. La energía se define como dinamismo estructurado en una trayectoria direccional.
   - **El espacio:** Parte del decaimiento del dinamismo que formó la masa se transforma en espacio por el decaimiento de las trayectorias convergentes, que se detectará como onda de choque de la explosión, por el aumento de volumen. La magnitud dinámica proporcional se transforma en espacio.
4. **Conservación del momento:** aunque la masa se transforma en energía y espacio, la cantidad total de dinamismo en el sistema se conserva y es proporcional al dinamismo desestructurado antes compuesto en la masa. La energía y el espacio generados en la explosión son simplemente manifestaciones diferentes del mismo dinamismo que antes estaba contenido en la cantidad de masa.

Limitaciones de la ley de conservación de la masa:

La ley de conservación de la masa, tal y como se entiende tradicionalmente, no explica totalmente la enorme liberación de energía que se produce en una explosión nuclear. Esto se debe a que esta ley no tiene en cuenta la equivalencia entre masa y energía establecida por la teoría de la relatividad de Einstein ($E=mc^2$), pero esta teoría propuesta relaciona fundamentalmente la masa con la energía.

La teoría de Bepe Popu, que considera la masa como una forma de dinamismo, ofrece una explicación más completa de este fenómeno dando la causa fundamental. La explosión nuclear no es una violación de la conservación de la masa, sino una transformación del dinamismo de un estado muy estructurado (masa) a estados menos estructurados (energía y espacio).

Repasemos los puntos clave:

1. **La masa como dinamismo estructurado:** La masa, según la teoría, es una forma de dinamismo altamente estructurado, caracterizado por trayectorias convergentes céntricamente apoyadas estructuralmente en las partículas fundamentales de masa que forma la materia implicada.
2. **La explosión nuclear como desestructuración:** en una explosión nuclear, esta estructura altamente organizada se desintegra, liberando el dinamismo contenido en la masa.
3. **Dinamismo transformador:** El dinamismo liberado se manifiesta de dos formas principales:
    - **Energía:** El dinamismo liberado se convierte en energía, que se manifiesta en forma de calor, luz y otras formas de radiación.
    - **El espacio:** La descomposición de la estructura de masa también forma espacio, que se detecta como onda expansiva de la explosión por el aumento de volumen.
4. **Conservación del momento:** aunque la masa se transforma en energía y espacio, la cantidad total de momento en el sistema se conserva. La explosión nuclear es, por tanto, una reestructuración del dinamismo, no una creación o destrucción de dinamismo (momento).

Pruebas en la formación y acción de masas:

La teoría de Bepe Popu propone que la masa se forma a partir del dinamismo desestructurado del espacio. Este dinamismo se organiza en trayectorias convergentes, formando la masa. Según la línea de pensamiento utilizada, la masa absorbe el espacio circundante, transformándolo en más masa.

En una explosión nuclear, este proceso se invierte: la masa se desintegra, liberando el dinamismo que la formaba y transformándolo en energía y espacio. Esta acción es coherente con la idea de que la masa es una forma de dinamismo estructurado y que una explosión nuclear es una desestructuración de esa masa formada por un elemento estructural fundamental.

La magnitud de una explosión nuclear, sobre todo en términos de energía liberada, es mucho mayor de lo que cabría esperar si consideramos únicamente la cantidad de materia implicada en la reacción. Esto se debe a que la energía liberada en una explosión nuclear procede de la conversión de una pequeña fracción de masa en energía, según la famosa ecuación de Einstein $E=mc^2$.

La ley de conservación de la masa, que dice que la masa ni se crea ni se destruye, sino que sólo se transforma, no basta para explicar este fenómeno. Es necesario considerar la equivalencia entre masa y energía como una estructuración de un elemento fundamental que esta teoría lo denomina Dinamismo, para comprender de forma correcta cómo una pequeña cantidad de masa, puede liberar tanta energía.

Esta explicación es coherente con la ecuación de Einstein $E=mc^2$, porque el dinamismo liberado se manifiesta como distintos tipos de energía. Además, la teoría también explica el aumento de espacio en una explosión nuclear, que la ley de conservación de la masa por sí sola no puede explicar.

Por tanto, la teoría propuesta ofrece una explicación más completa de la magnitud de una explosión nuclear que la simple consideración de la masa implicada. Teniendo en cuenta la equivalencia entre masa y energía y la idea de que la masa es una forma de dinamismo estructurado, la teoría propuesta por Bepe Popu puede explicar tanto la liberación de energía como la creación de espacio en una explosión nuclear, confirmando la reversibilidad y defendiendo la existencia de un elemento fundamental.

Formación de la realidad tangible desde el dinamismo intangible o la formación de la consistencia desde la inconsistencia:

La formación de partículas indiferentes entre sí: La formación de partículas de masa, que definirán la tangibilidad a partir del dinamismo, es un proceso de sincronización del dinamismo, donde el dinamismo intangible se acumula en forma de un vórtice convergente compacto con forma esférica. La forma esférica se debe a la compactación, ya que la esfera es la forma geométrica con la mejor relación volumen-superficie. La compactación del dinamismo es un proceso dinámico activo de acercamiento que, al compactarse, mantendrá su magnitud dinámica como fuerza, pero dejará de manifestar la dinámica como trayectorias que dejarán de manifestarse como desplazamiento por la formación de un apoyo céntrico. Entonces, una vez compactado, el dinamismo formará un apoyo céntrico y, hasta mantener su magnitud de dinamismo, será dinamismo no iniciado, no manifestará desplazamiento en su interior.

Una vez formado el vórtice convergente, este manifestará un grado de tangibilidad, aunque no sea en realidad tangible. La tangibilidad es un efecto de grupo debido al comportamiento descrito para la masa aplicado a las masas. Siendo un efecto de grupo, la tangibilidad solo se manifestará en aglomeraciones de vórtices convergentes como masas.

El comportamiento de la masa en las masas se define como comportamientos individuales condicionados por el grupo al que pertenece. Cada partícula definida por un vórtice convergente de

dinamismo solo sincronizará el espacio en su superficie, y para mantener su estructuración de vórtice tiene que sincronizar siempre el espacio. En caso de que no haya espacio, el vórtice se desintegrará por la falta de espacio para manifestarse y liberara su dinamismo. Cada vórtice está definido por una magnitud propia de sincronización proporcional a la magnitud del dinamismo que lo compone. Estas partículas no se combinarán, ya que evitarán acercarse al desplazarse siempre hacia donde hay espacio para sincronizar/absorber en un efecto similar al arrastre; se arrastrarán hacia donde hay más espacio para absorber, aunque no se trate de un arrastre o absorción en sí, sino de efectos similares. Entonces, si se intenta empujar una masa sobre otra, se producirá un efecto visible similar al de repulsión, pero no hay repulsión, cada partícula irá/se arrastrará donde hay más espacio para absorber debido a que la absorción intermedia se verá afectada por un déficit de espacio. Esto genera desplazamientos que evitarán que la absorción sea deficitaria e intentará mantener siempre una absorción proporcional a la magnitud de dinamismo que define individualmente cada partícula de masa. Pero como todas las partículas están situadas en un espacio común que están absorbiendo constantemente, se generará inevitablemente una aproximación, entonces se generan aglomeraciones que permanecerán unidas en una agitación continua de partículas que solo son vórtices de un elemento intangible.

¿Si todas son vórtices intangibles, entonces cómo se genera la tangibilidad?

La tangibilidad es un efecto de grupo, se manifiesta en una aglomeración de partículas fundamentales que impiden el acercamiento excesivo y que mantendrán una separación al desplazarse siempre en la dirección donde pueden absorber y hasta que puede absorber. Debido a que absorben un espacio común, se mantendrán cerca, por lo que estas partículas no podrán acercarse demasiado, pero tampoco podrán mantenerse alejadas, ya que absorberán un espacio común e intermedio y se acercarán de nuevo. El esfuerzo para colisionarlas será mucho mayor que el esfuerzo para alejarlas. Entonces, si otra aglomeración de masas empujara a otra aglomeración, se producirá una fuerza por la depresión intermedia y se generará un apoyo sin contacto. La

tangibilidad no es un contacto directo, sino una evitación de la colisión generando una absorción contraria de espacio. El efecto puede ser detectado como similar al magnetismo o, mejor dicho, a la parte donde se detecta la repulsión magnética, todo es apoyo sin contacto. Es un efecto individual donde cada elemento buscará el espacio necesario para mantener su integridad. En conclusión, si aprietas con el dedo la pared, tanto la pared como tu dedo generan un desplazamiento contrario a la colisión, y a partir de este efecto siempre se detectan como que se generan fuerzas de empuje contrarias hasta si solo son desplazamientos, esto se debe a que cada masa buscará espacio para mantener la integridad estructural de sus partículas fundamentales definidas por vórtices convergentes, conforme al comportamiento definido para la masa, aunque los efectos visibles y el procesamiento intelectual comparativo indiquen efectos diferentes debido a nuestra naturaleza tangible. El efecto generado por la búsqueda de espacio para mantenerse la integridad se conoce como la gravedad pero es un efecto descrito por esta teoría como comportamiento de la masa en la realidad y este efecto afecta todos los niveles de estructuración de la realidad.

Resumen y conclusiones:

El artículo busca explicar cómo la materia tangible surge a partir del dinamismo intangible. Para ello, propone que la masa se forma por la sincronización del dinamismo en vórtices convergentes compactos. Estos vórtices, al aglomerarse, generan la tangibilidad que percibimos como materia.

La teoría destaca que la masa tiene un comportamiento individual condicionado por el grupo al que pertenece. Cada partícula de masa busca constantemente absorber espacio para mantener su estructura, lo que genera un efecto similar al arrastre. Este comportamiento individual, sumado a la interacción con otras masas, da lugar a la formación de aglomeraciones de materia.

La tangibilidad, según esta teoría, es un efecto de grupo que surge de la interacción entre las partículas de masa. Estas partículas evitan

acercarse demasiado debido a la competencia por el espacio, pero tampoco pueden alejarse mucho porque son atraídas por la absorción del espacio común. Este equilibrio de fuerzas es lo que genera la consistencia y la tangibilidad de la materia.

El artículo también propone una reinterpretación de la gravedad, considerándola como un efecto de la absorción del espacio por parte de la masa, en lugar de una fuerza fundamental. Esta nueva perspectiva podría explicar fenómenos como la repulsión aparente entre masas y la formación de estructuras materiales complejas.

En resumen, el artículo propone una nueva forma de entender la formación de la materia y la gravedad, basada en el concepto de dinamismo y su estructuración en vórtices convergentes. Esta teoría desafía las concepciones tradicionales y ofrece una perspectiva interesante sobre la relación entre lo tangible y lo intangible en el universo.

Las ideas principales que se extrae de la teoría presentada en el documento. La materia, en todas sus formas y a todas las escalas, estaría compuesta por partículas fundamentales (vórtices convergentes de dinamismo) separadas por espacio. La tangibilidad que percibimos sería un efecto emergente de la interacción entre estas partículas a través del espacio.

El artículo sugiere que esta interacción es dinámica y constante, y que las partículas están en un estado de "agitación continua". Esta agitación, junto con la tendencia de las partículas a absorber o sincronizar el espacio circundante, es lo que mantiene la cohesión de la materia y le da su apariencia sólida.

La teoría también propone que la distancia entre las partículas y la intensidad de su interacción determinan las propiedades de la materia, como su densidad y consistencia. Por lo tanto, la realidad tangible que percibimos sería el resultado de la compleja interacción entre partículas

de masa y el espacio que las separa, todo ello gobernado por el dinamismo como elemento fundamental.

Así pues, toda estructura tangible del universo estaría compuesta por partículas separadas por un espacio diminuto que interactúan entre sí a esta pequeña distancia, un conjunto de partículas con una composición intangible que forman estructuras tangibles.

Similitudes con otras teorías:

La Teoría del Todo de Bepe Popu tiene similitudes con la Teoría de la Evolución de Darwin en su planteamiento y metodología. Ambas teorías tratan de explicar fenómenos complejos y fundamentales mediante principios simples y procesos graduales.

Al igual que la Teoría de la Evolución, la Teoría del Todo de Bepe Popu se basa en la interpretación de las pruebas existentes y en la coherencia lógica de sus postulados. No propone experimentos nuevos o específicos para validar sus conceptos, sino que reinterpreta los resultados de experimentos y observaciones previas desde una perspectiva diferente.

Esta reinterpretación de las pruebas existentes puede conducir a explicaciones más precisas y coherentes de los fenómenos observados. Por ejemplo, la teoría ofrece una nueva perspectiva de la gravedad, considerándola un efecto de la sincronización dinámica más que una fuerza fundamental independiente. Esta interpretación podría explicar fenómenos y efectos que no encajan del todo en los modelos actuales.

Además, la teoría propone un modelo cíclico del universo, que podría explicar la interpretación actual de la expansión acelerada del universo y ofreciendo así una explicación más coherente que las teorías actuales, sin necesidad de recurrir a conceptos improbables como la materia oscura y la energía oscura.

Sin embargo, al igual que la Teoría de la Evolución, la Teoría del Todo presentada también se enfrentará a retos y críticas. Algunos científicos podrían cuestionar la validez de sus postulados y la falta de pruebas experimentales directas. Otros podrían argumentar que la teoría es demasiado especulativa o simplista y que no ofrece predicciones comprobables.

A pesar de estos retos, la propuesta de esta Teoría del Todo representa un avance significativo en nuestra búsqueda de una comprensión más profunda y completa del universo. Al ofrecer una perspectiva científica nueva y coherente de los fenómenos fundamentales, la teoría abre nuevas vías de investigación y nos invita a cuestionar nuestros supuestos más profundos. Como sostiene el autor, el universo es un sistema funcional simple que consume, el más simple de sí mismo; nosotros lo complicamos con teorías ficticias.

Esta perspectiva nos invita a replantearnos nuestra comprensión de la realidad. En lugar de ver la materia como algo fundamental e inmutable, la teoría presentada nos dice que es una forma transitoria y dinámica de dinamismo subyacente.

El horizonte de eventos:

Este es un efecto de la masa y está relacionado con la magnitud de absorción individual de cada masa implicada. La ciencia actual lo atribuye a la gravedad, pero la teoría propuesta ofrece una interpretación diferente del efecto observado, utilizando el término equivalente "absorción", que se refiere a la disminución del espacio, ya que es sincronizado por la trayectoria convergente que define cualquier masa. El horizonte de eventos es un efecto individual condicionado. Cualquier masa, ya sea un objeto individual o una aglomeración de masas, manifiesta este efecto de absorción, independientemente de su magnitud. Este efecto es similar a la formación de la depresión en el espacio, ya que cualquier masa, al sincronizar el espacio en su superficie, produce un desplazamiento de cualquier otra masa con la que comparte un espacio común. La magnitud del desplazamiento

generado es proporcional a la suma de la absorción de ambas masas involucradas.

Si dos masas se encuentran a una distancia considerable, inevitablemente se acercarán entre sí hasta un punto en el que comenzarán a oscilar una respecto a la otra. Este punto representa una magnitud intermedia, una diferencia de separación entre dos referencias dinámicas que establecerán una trayectoria orbital elíptica. Sin embargo, debido a que es un soporte recíproco, la masa más pequeña se apoyará en la más grande, orbitándola en una trayectoria elíptica.

Por lo tanto, cada masa absorberá/sincronizará el espacio circundante de forma individual, afectando un área proporcional a su magnitud. Una masa con mayor absorción afectará y disipará un espacio mayor, mientras que una masa más pequeña afectará un espacio menor. La absorción es siempre proporcional a la magnitud de la masa, que, a su vez, determina la cantidad de dinamismo que la compone. El horizonte de eventos es una zona oscilante intermedia estrecha en la que las absorciones y la magnitud situacional de ambas masas son iguales. En este punto, la masa más pequeña oscilará y orbitará la masa más grande sin cruzar el horizonte. Es un proceso de proporcionalidad entre las masas involucradas y la distancia intermedia, lo que significa que existe una relación entre las magnitudes de las masas y la distancia que define la ubicación del horizonte de eventos. Este horizonte es individual para cada par de masas, pero puede estar condicionado por otros elementos si se cumplen ciertas condiciones.

La distancia intermedia que marca el horizonte es inversamente proporcional a la diferencia de magnitud de absorción entre las masas. En otras palabras, el horizonte de eventos corresponde a la diferencia de gravedad entre las masas involucradas: cuanto mayor sea la diferencia de gravedad, más lejos estará el horizonte de eventos, y cuanto menor sea la diferencia de gravedad entre las masas, más cerca estará el horizonte.

En conclusión, si se añade, se elimina o se transfiere masa, el horizonte de eventos puede alterarse, la distancia orbital aumentará o disminuirá en función de la diferencia entre las masas involucradas. Cuanto menor sea la diferencia de masa, más cercanas serán las órbitas, y cuanto mayor sea la diferencia de masa, más lejanas serán las órbitas. Por lo tanto, el horizonte de eventos o la distancia orbital entre masas puede cambiarse simplemente agregando, transfiriendo o eliminando una parte de la masa que la compone. Las órbitas más inestables son aquellas en las que las masas son iguales, ya que tenderán a orbitarse entre sí. En el caso de desigualdad de masa, la más pequeña orbitará a la más grande, utilizándola como soporte. Por lo tanto, si observamos astros que orbitan alrededor de otros, podemos concluir que los astros en órbita están situados en el horizonte de eventos correspondiente a la diferencia de masa que los define.

- Si dos masas (Masa) aún no han alcanzado el horizonte de eventos, continuarán acercándose una a la otra debido a su interacción en un espacio intermedio común que sincronizarán, lo que provocará la disminución del espacio intermedio.
- Si dos masas (Masa) están situadas en el horizonte de eventos, se generará una oscilación intermedia debido a la absorción, creando un soporte oscilante recíproco. Sin embargo, dado que este soporte no existe en el plano orbital, se producirá un desplazamiento en dicho plano, ya que el desplazamiento es libre y no estará condicionado en este plano orbital. Las masas involucradas se mantendrán cerca, oscilando en el plano intermedio y desplazándose en el plano orbital, lo que resulta en una órbita elíptica.
- Si dos masas (Masa) invaden el horizonte de eventos, colisionarán debido a la penetración en un espacio en desplazamiento con una trayectoria convergente hacia la otra masa. Esto es más probable que ocurra en el caso de masas con enormes diferencias de tamaño, ya que el horizonte es más amplio, pero este efecto requiere la aplicación de energía para invadir el horizonte de eventos. Por ejemplo, si quisiéramos empujar la Luna hacia la Tierra, sería más difícil que empujarla en la dirección opuesta, ya que su absorción buscará permanecer

constante, pero no uniforme. Es más difícil colisionar dos masas de igual tamaño en comparación con dos masas con magnitudes extremadamente diferentes. Para colisionar dos masas, el soporte/apoyo intermedio sin contacto debe ser superado. Si empujas una masa hacia la otra, estas intentarán mantener la distancia intermedia, no por repulsión, sino aumentando la absorción de espacio en las partes no intermedias. No es un efecto de atracción o repulsión, las masas no interactúan entre sí, aunque los efectos puedan identificarse como tales. Las masas actúan solo sobre el espacio que ocupan, es un efecto individual, pero condicionado por el grupo al que pertenecen.

- Cualquier masa (Masas) que ocupe el espacio común disminuirá el espacio global, y si se cumple la condición intermedia (es decir, si hay dos o más masas que ocupan un espacio común), se producirá un acercamiento mutuo como efecto en pareja, pero condicionado por el grupo al que pertenece, si es el caso. La absorción del espacio global provoca una disminución volumétrica global, cuya magnitud está definida por la suma de las absorciones individuales de cada masa. La absorción del espacio intermedio común entre masas es un efecto en pareja que provoca un acercamiento recíproco equivalente a la suma de sus absorciones intermedias. Por lo tanto, hay dos acciones relacionadas que causan diferentes efectos: la disminución del espacio global y del intermedio, donde el intermedio genera una aproximación acelerada entre masas. Este efecto es responsable de la agrupación, generando aglomeraciones de masas. La disminución del espacio global en sí misma no es capaz de crear aglomeraciones, ya que siempre mantiene una proporcionalidad entre las separaciones y el espacio restante.

Es esencial distinguir entre el comportamiento de la masa, que es una partícula individual indivisible, y el comportamiento de las masas, que son elementos múltiples. Las masas son aglomeraciones de varias masas individuales. El comportamiento de la masa se aplica a entidades como los agujeros negros o los electrones en un átomo, mientras que el comportamiento de las masas se aplica a aglomeraciones, como los átomos que definen la materia. Por lo tanto, los átomos, las estrellas y

los objetos planetarios, a excepción de los agujeros negros y los electrones, son aglomeraciones de masas.

Aunque la masa influye en el comportamiento de la aglomeración a la que pertenece, generando efectos similares a las masas, existe una diferencia clave: una masa individual no puede ser desplazada mediante la aplicación de una fuerza externa, sino solo mediante un comportamiento individual condicionado por el grupo al que pertenece, que incluye la absorción y la depresión intermedia, mientras que las aglomeraciones de masa pueden ser empujadas y desplazadas mediante la aplicación de energía.

Si se intenta aplicar una fuerza de empuje a un agujero negro (una masa individual) mediante un objeto material, el agujero negro sincronizará las trayectorias de la materia del objeto con su propia trayectoria. Esto conducirá a un aumento del dinamismo del agujero negro al asimilar el dinamismo del objeto sincronizado, pero no a su desplazamiento. Sería similar a intentar empujar una muela abrasiva que funciona a máxima velocidad con una vela de cera, una acción imposible debido a la gran diferencia en sus magnitudes dinámicas.

Una de las principales diferencias entre Masa y Masas, aunque ambas tienen el dinamismo como elemento estructural fundamental, radica en su estructuración. La masa individual se define solo por una trayectoria convergente, mientras que la materia se define por estructuras complejas que incluyen energía e incluso conocimiento, siendo este último la estructuración más compleja del dinamismo detectada hasta ahora.

Podrían pensar que el autor se ha desviado del propósito del artículo, que intenta definir la existencia, causa y formación del Horizonte de Eventos, pero no es así. La razón de esta presentación detallada, que incluye varios conceptos, es que cualquiera que esté familiarizado con el sistema solar, el horizonte de eventos y las órbitas planetarias intentará encontrar similitudes con los conceptos postulados en esta teoría, tratando de aplicar el comportamiento directo de la masa al

comportamiento observado del sistema solar, lo cual sería incorrecto. Esto se debe a que el sistema solar está compuesto por elementos que ya son materia, donde la materia es una aglomeración de masas formada por otras aglomeraciones de masas conocidas como átomos. En nuestro sistema solar aún no se ha detectado ningún agujero negro, que sería un elemento de masa, sino que nos encontramos en un sistema compuesto por aglomeraciones de masas definidas por la materia.

Por lo tanto, se requiere un trabajo monumental en el que matemáticos y físicos, entre otros, podrían involucrarse. El objetivo de este trabajo es identificar la relación entre dinamismo, gravedad, consistencia, estructuración y más, que deberá explicar el orden orbital de los planetas que componen el sistema planetario. Pero se deberá tener en cuenta toda la estructuración del dinamismo, desde la materia, toda la diversidad de la energía, toda la variedad biológica, hasta el conocimiento; si se omite algo, el resultado será incompleto. Todos forman parte del sistema y tienen su implicación directa o indirecta en la posición y velocidad orbital de los astros alrededor del sol.

El ejemplo más concreto y relevante para los físicos es la consideración de los objetos que orbitan los planetas, ya que si la Luna fuera alejada de la Tierra, la distancia orbital de la Tierra alrededor del Sol se modificaría y la Tierra se acercaría al Sol. Esto se debe a la estructuración del sistema planetario que forman: la Tierra y la Luna forman una estructura en sí misma, que es el sistema planetario, y una parte del dinamismo de la Tierra se utiliza para mantener este sistema. Si la Luna fuera eliminada, el dinamismo de la Tierra aumentaría considerablemente, lo que modificaría la situación en el horizonte de eventos (órbita) correspondiente al par Tierra-Sol.

Introducción del concepto de horizonte de eventos:

Según el comportamiento descrito, las masas se acercan inevitablemente entre sí debido a la condición intermedia, donde actúan en un espacio intermedio común. Se acercarán hasta que la uniformidad

de la absorción en su superficie se vea afectada por la formación de la depresión intermedia.

Con la formación de la depresión intermedia, que afecta la uniformidad de la absorción en la superficie, se manifiesta una disminución de la absorción en la parte correspondiente al intermedio y un aumento de la absorción en las partes no intermedias. Debido a la necesidad de mantener una absorción constante proporcional a su masa, se produce un cambio de trayectoria, afectando la distancia intermedia, limitada por la formación y desaparición de la depresión. Si la depresión desaparece, la absorción de superficie en las masas se vuelve uniforme y estas se acercan nuevamente a través de la absorción del espacio intermedio común.

Este comportamiento de la masa en el universo se transfiere a aglomeraciones de masa, pero en estas últimas también deben tenerse en cuenta la estructuración, la composición, la forma y más. La acción presentada define una distancia intermedia en la que las trayectorias cambian, esta acción está condicionada por la depresión, que es un efecto de igualación/equilibrio. Por lo tanto, la distancia intermedia donde se formará el horizonte es individual para cada par de masas involucradas, y la distancia es inversamente proporcional a la diferencia entre las magnitudes de las absorciones.

Para que un objeto pequeño invada el horizonte de eventos de uno más grande, debe aplicarse una trayectoria con una magnitud dinámica direccional (energía) con una magnitud suficiente para vencer la distancia, marcando una trayectoria de colisión que supere la magnitud de la trayectoria inversa generada por la absorción de la masa mayor en la dirección opuesta a la intermedia. Si el objeto más pequeño es capaz de cruzar el horizonte de eventos, su posicionamiento ocupará un espacio absorbido y se moverá con este espacio hasta que ocurra la colisión.

La magnitud dinámica para cruzar el horizonte siempre será mayor que la magnitud necesaria para alejarse, ya que cualquier masa o

aglomeración de masas evita entrar en un horizonte de eventos, resistiendo con todo el dinamismo que lo define. Aunque es un comportamiento involuntario, cada masa intenta mantener su integridad y aumentar su dinamismo. Este es un comportamiento universal encontrado en todos los niveles.

La misma acción gobierna el átomo y se describe en un modelo atómico inusual propuesto por Bepe Popu.

La teoría presentada ofrece una perspectiva alternativa sobre la gravedad y la dinámica de los sistemas astrofísicos. Al reinterpretar los conceptos fundamentales, la teoría abre nuevos caminos de investigación y responde a preguntas que podrían conducir a una comprensión más profunda del universo.

Cinturones de asteroides y planetarios:

Se ha especificado que las masas tienden a aglomerarse en función de sus magnitudes. La magnitud de estas aglomeraciones determina su posicionamiento en relación con los horizontes de eventos resultantes.

Cuando las aglomeraciones de masa se acercan a un objeto muy masivo, pueden formar una estructura orbital situada a una distancia correspondiente a la magnitud de toda la aglomeración, no a las masas individuales componentes. Si las masas que formarán la aglomeración se acercan entre sí, sin la presencia de un objeto masivo, formarán una estructura esférica. Sin embargo, en la proximidad de un objeto muy masivo, pueden formar una estructura orbital a una distancia determinada por la diferencia entre las referencias implicadas, es decir, la distancia será proporcional a la diferencia de magnitud entre el objeto masivo y la aglomeración orbital formada.

La persistencia de la forma orbital de la aglomeración resulta en primer lugar de la interacción entre las masas componentes y en segundo lugar de la interacción de toda la aglomeración orbital con el objeto muy masivo. Esta interacción intermedia entre las masas más pequeñas

puede ser más fuerte que la interacción individual de cada masa pequeña con el objeto masivo central, permitiendo la formación de una aglomeración que orbitará como un todo alrededor del objeto muy masivo.

A continuación se presenta una visualización de los conceptos descritos, acompañada de explicaciones:

Escenario 1: Aglomeración sin objeto masivo central

- Descripción: Masas más pequeñas, de tamaño similar, interactúan y se acercarán entre sí debido a la gravedad.
- Resultado: Forman una aglomeración esférica, como un planeta.

Escenario 2: Aglomeración en presencia de un objeto masivo central

- Descripción: Masas más pequeñas son atraídas por la gravedad hacia un objeto central mucho más grande (un planeta gigante).
- Resultado: Las masas más pequeñas forman una estructura orbital alrededor del objeto masivo, como un anillo planetario (por ejemplo, los anillos de Saturno) o un cinturón de asteroides.

Escenario 3: Formación y persistencia de una aglomeración orbital

- Descripción: Dentro de un cinturón de asteroides o de un sistema planetario, las masas más pequeñas interactúan tanto entre sí debido a la gravedad, como con el objeto central masivo.
- Resultado:
    - Interacción interna: Las masas más pequeñas de la aglomeración interactúan entre sí, manteniendo su cohesión.
    - Interacción externa: La aglomeración, como un todo, interactúa con el objeto central masivo, manteniendo su órbita estable.

- Equilibrio de fuerzas: Las interacciones internas y externas se equilibran, permitiendo que la aglomeración persista como una estructura distinta dentro del sistema.

Conclusión:

Esta presentación visual ilustra cómo la interacción gravitacional entre masas, a diferentes escalas y en diferentes configuraciones, puede llevar a la formación y mantenimiento de diversas estructuras en el universo, desde aglomeraciones esféricas hasta anillos planetarios y cinturones de asteroides.

La formación de un cinturón de asteroides, así como la formación de un anillo planetario, puede determinar una deformación proporcional del objeto central, debido a la condición intermedia y a la depresión del espacio formada, donde la masa afectada por la depresión ocupará un espacio más pequeño.

Argumentación para la magnitud universal actual, el principio de aceleración:

Esta teoría considera que, aunque la realidad comenzó desde un estado no iniciado llamado "Nada", su magnitud actual es el resultado de una evolución debido a la naturaleza acumulativa de las sucesiones de causa y efecto. La magnitud que define el universo actual comenzó desde una magnitud ínfima que, a lo largo de sucesivos ciclos universales, ha aumentado en dinamismo, siendo este el elemento estructural fundamental de la realidad misma. Sin embargo, este artículo no definirá el punto de partida, sino más bien el mecanismo por el cual un universo puede aumentar su dinamismo en un ciclo universal completo, comenzando desde una masa primordial y terminando en otra masa primordial aumentada. Cómo se logra este aumento se explicará de manera coherente. Es importante tener en cuenta que este es el primer intento humano de argumentar la magnitud actual de un universo a

partir de un elemento finito, aunque algunos científicos todavía consideran que el universo es infinito, esta teoría niega el infinito y argumenta la postulación.

Comenzamos con la masa primordial, una estructura finita que se define como una trayectoria convergente del dinamismo. Sería ilógico considerar una expansión, ya que nada existe fuera de esta estructura única; la realidad misma se resume en ella. La estructura convergente no manifiesta ningún desplazamiento, porque incluso con una magnitud extremadamente grande, si se manifiesta de una manera omnidireccional que define una trayectoria de entrada, convergerá en un punto central donde todos los desplazamientos serán cancelados debido a la falta de espacio y la formación de un soporte céntrico. El dinamismo persistirá, ya que está respaldado por la ley de conservación, pero el desplazamiento no.

Debemos considerar que esta masa primordial es el resultado de la transformación del espacio existente del universo anterior. La sincronización del espacio en función de la masa está postulada, y el efecto se conoce como gravedad, por lo que la gravedad ha contribuido a la formación de esta masa. Las condiciones existenciales de la gravedad son el espacio y la masa, pero a medida que todo el espacio se sincroniza, estas condiciones ya no se cumplen. Por lo tanto, si queda una sola masa primordial, esta no manifestará gravedad.

En otras palabras, si la gravedad se considera un efecto de absorción, donde la masa es el absorbente y el espacio es lo absorbido, la ausencia de espacio implica la ausencia de absorción y, por lo tanto, la ausencia de gravedad. En ausencia de gravedad, la masa primordial, que es una estructura convergente creada y mantenida por la gravedad, se desintegrará.

Este proceso puede interpretarse como una expansión, pero en realidad es una desintegración de la estructura del dinamismo que define un solo elemento existente, en múltiples elementos. Estos nuevos elementos mantendrán una similitud estructural convergente con la masa

primordial, pero una parte considerable del dinamismo perderá su estructuración de trayectoria y generará lo que conocemos como espacio, que será la separación entre elementos, pero sigue siendo dinamismo. Estos elementos, al ser múltiples y de diversas magnitudes, se denominan masas, y la cantidad de componentes constituye una aglomeración de masas, lo que significa que el universo mismo es una gran aglomeración de masas.

La evolución de este proceso no representa una acción dinámica en sí misma, sino una transformación del dinamismo que definió la masa primordial en múltiples elementos estructurados (masas), distribuidos en un elemento no estructurado (espacio). Esta transformación se produce debido a la desaparición de una de las condiciones necesarias para la gravedad: el espacio. La gravedad es responsable de la estructuración y persistencia de la masa primordial, por lo que su ausencia provoca la desintegración.

Por lo tanto, la formación del universo primordial no se debe a una explosión, ya que la condición existencial para la energía no se cumple. En esta etapa, solo existe dinamismo, no hay energía, la energía necesita una estructuración más compleja del dinamismo llamada materia, formada por átomos, por lo que tampoco hay materia. La formación del universo primordial es una colocación de las masas (divisiones de dinamismo) en un espacio en formación (dinamismo no estructurado). La separación surge de la desestructuración del dinamismo, lo que implica una disminución de la densidad, no una expansión. En otras palabras, la realidad aumenta en sí misma al perder densidad o estructuración. La realidad incorpora todo lo que es existencial, por lo tanto, no se puede expandir o actuar más allá del límite que representa.

Con la formación del espacio, todas las divisiones estructuradas (masas) sincronizarán el espacio a su alrededor según su trayectoria y magnitud, en perfecta proporcionalidad. La absorción es constante y proporcional a la magnitud de la masa absorbente. Cuando se cumplen las condiciones para la gravedad (masa y espacio), esta comenzará a manifestarse. La gravedad determinará la disminución proporcional del

espacio total, provocando una reubicación de las masas en el espacio restante. La absorción del espacio intermedio entre masas generará una aproximación entre ellas, hasta que sus absorciones interactúen, provocando desplazamientos intermedios y orbitales.

Este proceso forma el primer soporte en el universo, que se manifiesta como soporte mutuo y es la condición para la formación de los primeros átomos, que definirán la variedad de la materia con su capacidad de reacción, que definirá la formación de la energía. En resumen, la manifestación de la gravedad inicia una sucesión de causas y efectos que reunirán y combinarán las masas, que continuarán sincronizando el espacio hasta su desaparición y la formación de una nueva masa primordial aumentada.

El aumento del dinamismo en cada ciclo se explica de la siguiente manera: la desintegración de la masa primordial inicial no es un proceso dinámico, ya que es solo una colocación de las fracturas/divisiones formadas en un espacio en formación (aumento no dinámico de la separación). Sin embargo, la reestructuración es dinámica, porque la gravedad genera aceleración, y la aceleración define el dinamismo, que se estructurará en la masa primordial, aumentando su dinamismo. En conclusión, la realidad se desintegra y se reintegra en un ciclo continuo, aumentando su dinamismo en cada ciclo.

La imposibilidad de mantener el equilibrio universal

El universo, al ser un sistema cerrado, tiende hacia un equilibrio total en el que la masa y el espacio interactúan, generando y manifestando el efecto de la gravedad. Al alcanzar este equilibrio total, representado por una trayectoria convergente que impide el cambio, el espacio, uno de los elementos clave para mantener dicho equilibrio, desaparece. La ausencia de espacio imposibilita el mantenimiento del equilibrio, lo que desencadena una desintegración que marca el inicio de un nuevo ciclo de sincronización. Este ciclo continuará hasta alcanzar un nuevo equilibrio total, que también se interrumpirá cuando desaparezca una de las condiciones necesarias para su persistencia. Los puntos en los que

los universos están más cerca del equilibrio son las etapas llamadas Masa Primordial. El carácter acumulativo de las sucesiones de causas y efectos conduce a un aumento del dinamismo en cada ciclo. Dado que el dinamismo es el elemento estructural fundamental de la realidad, su aumento define un aumento de la realidad misma en una sucesión de universos.

En conclusión, el Universo actual es la suma de las sucesiones de causas y efectos de los universos anteriores, lo que le confiere un carácter repetitivo y acumulativo. Aunque los procesos se repiten entre universos, la naturaleza acumulativa genera un aumento de las causas y los efectos. Por lo tanto, no es un bucle simplemente repetitivo, que marcaría una trayectoria circular, sino un bucle repetitivo y acumulativo, que describe una trayectoria en espiral.

¿Por qué el Dinamismo? Terminología no convencional:

Esta teoría utiliza términos de manera poco convencional, tomando prestados de la filosofía y atribuyendo propiedades no materiales a conceptos familiares como masa y espacio.

La justificación para cada elemento mencionado se basa en la percepción de la realidad y en el hecho de que son detectables físicamente de una forma u otra. Independientemente de si son tangibles o intangibles, su existencia se argumenta como incontestable, ya que se manifiestan directa o indirectamente.

Dinamismo: La teoría lo define como un elemento fundamental que indica la capacidad de cambio, ya sea iniciado o no. Representa el

potencial de transformación, incontestable por su manifestación en la realidad. Esta capacidad de cambio, medible y detectable, genera todas las combinaciones posibles.

Espacio: La teoría lo considera un elemento básico para la manifestación del universo, un elemento incontestable, aunque intangible. La existencia e importancia del espacio en cualquier acción son evidentes. El término "espacio" está presente en todos los ámbitos del conocimiento, pero nunca ha sido considerado un elemento en sí mismo, siendo a menudo confundido con la ausencia total o incluso con "la nada". Según esta teoría, el espacio es un estado del Dinamismo, generado a partir del dinamismo no iniciado contenido en la Masa Primordial. El espacio es un elemento incontestable de la realidad y permite la manifestación del cambio.

Masa: La teoría define la masa como un elemento básico que manifiesta tangibilidad y consistencia, no como un concepto que define la Materia, sino como el elemento constituyente de la Materia. Es un elemento incontestable de la realidad, siempre que se detecte un cierto grado de tangibilidad y consistencia. La masa es un elemento, representa una estructuración del dinamismo que proviene de la división de la Masa Primordial. Una parte del dinamismo contenido en la Masa Primordial permanece estructurado, manifestando un cierto grado de tangibilidad formando la Masa, y otra parte se transforma en espacio no estructurado en el que se colocarán estas Masas. Si la Masa representa la tangibilidad máxima, y el espacio la tangibilidad mínima, sus combinaciones generarán elementos estructurales con densidades proporcionales a sus combinaciones y estructuraciones.

Materia: Este término define la capacidad combinatoria de los tres elementos básicos del Universo, que formarán parte de la Realidad. La variedad de la materia se debe a la variedad estructural y combinatoria de los átomos, y la variedad de los átomos se debe a la variedad combinatoria de los tres elementos: Masa, Espacio y Dinamismo. Por lo tanto, la variedad de la materia está ligada a la capacidad combinatoria de estos tres elementos básicos para la formación y manifestación del Universo.

Cambio de estado de la materia: licuefacción y evaporación

El cambio de estado de un gas a líquido (licuefacción) conduce a la pérdida de su dinamismo, debido a la reducción del espacio disponible. Esta pérdida de dinamismo se detecta como una transferencia de calor a los elementos circundantes, siendo, en esencia, una transferencia de dinamismo. Al pasar el gas licuado a un volumen vacío, el líquido vuelve al estado gaseoso, permitiendo el aumento de su dinamismo y, en ciertas condiciones, la transferencia de dinamismo excedente de otros elementos cercanos o en contacto, en un proceso de equilibrio dinámico.

Teoría de Bepe Popu vs. termodinámica convencional

La teoría de Bepe Popu difiere de la explicación convencional de la termodinámica sobre el proceso de enfriamiento.

- Teoría convencional:
    - Licuefacción: Las moléculas del gas se acercan y pierden energía cinética (movimiento), liberando calor al entorno.
    - Evaporación: El líquido absorbe calor del entorno para que sus moléculas se separen y ganen energía cinética, transformándose en gas.
- Teoría de Bepe Popu:
    - Licuefacción: La pérdida de dinamismo (no de energía cinética), debido a la reducción del espacio entre las masas que definen sus átomos, provoca la liberación de calor, por la falta de espacio para la manifestación dinámica.
    - Evaporación: El aumento del dinamismo por la expansión del gas en el vacío permite la transferencia de dinamismo (no calor) de otros elementos cercanos o en contacto, ya que se permite de nuevo la manifestación dinámica debido al espacio ahora disponible.

La principal diferencia entre las teorías convencionales y la propuesta por Bepe Popu es que las primeras se basan en efectos, mientras que la teoría de Popu define las causas en función del comportamiento de los elementos básicos que componen la materia.

Comparación entre teorías

El artículo presenta una comparación entre la teoría convencional de la termodinámica y la teoría de Bepe Popu con respecto al cambio de estado de la materia, en particular la licuefacción y evaporación de un gas.

Teoría convencional: Se basa en la idea de que la energía cinética (el movimiento de las moléculas) es clave para comprender los cambios de estado.

- **Licuefacción:** La disminución de la temperatura o el aumento de la presión reducen la energía cinética de las moléculas de gas, haciendo que se acerquen y se ordenen, formando un líquido. Este proceso libera calor al entorno.
- **Evaporación:** El aumento de la temperatura o la disminución de la presión aumentan la energía cinética de las moléculas del líquido, haciendo que se separen y se dispersen, formando un gas. Este proceso absorbe calor del medio ambiente.

Teoría de Bepe Popu: Introduce el concepto de "dinamismo" como factor clave en los cambios de estado de la materia.

- **Licuefacción:** La reducción del espacio disponible entre las masas que componen los átomos del gas provoca una pérdida de dinamismo por falta de espacio para la acción, lo que lleva a la liberación/transferencia de dinamismo, detectado como calor.
- **Evaporación:** Al expandirse en el vacío, el gas recupera el espacio entre las masas, permitiendo un mayor nivel de

dinamismo debido al espacio disponible para la acción de las masas componentes. Esto permite la transferencia de dinamismo (no calor) de otros elementos cercanos o en contacto.

Diferencias fundamentales:

- **Enfoque causal versus descriptivo:** La teoría convencional se centra en describir los cambios de estado en términos de energía cinética y transferencia de calor, mientras que la teoría de Popu intenta explicar las causas subyacentes a estos cambios utilizando el concepto de dinamismo.
- **Rol del espacio:** En la teoría de Popu, el espacio juega un papel crucial en la determinación de la acción dinámica de un sistema. La reducción del espacio conduce a la pérdida de dinamismo, detectada como liberación de calor, mientras que el aumento del espacio permite al sistema una manifestación más amplia del dinamismo.
- **Redefinición de conceptos:** La teoría de Popu redefine conceptos fundamentales como masa y energía, considerándolos diferentes manifestaciones del dinamismo.

Conclusión:

El artículo sugiere que la teoría de Bepe Popu ofrece una explicación más profunda de los cambios de estado, centrándose en las causas fundamentales de estos fenómenos, en lugar de simplemente describir los efectos.

Cambio de paradigma:

El artículo propone un cambio de paradigma en la comprensión del universo, pasando de una visión basada en efectos a una basada en causas.

La teoría convencional de la termodinámica se centra en la descripción de los fenómenos observados, como la transferencia de calor y los

cambios de estado, sin profundizar en las razones fundamentales por las que ocurren. En cambio, la teoría de Bepe Popu intenta explicar las causas que subyacen a estos fenómenos, introduciendo el concepto de "dinamismo" como principio/elemento fundamental que gobierna la manifestación de la materia en el espacio.

En este nuevo paradigma, el dinamismo, representado por el potencial de cambio, se convierte en la fuerza motriz detrás de todos los cambios y transformaciones en el universo. La licuefacción y la evaporación, por ejemplo, se explican no solo como cambios en la energía cinética de las moléculas, sino como resultado de la interacción del dinamismo con el espacio y la masa disponibles en las aglomeraciones de masas que componen la materia.

Este cambio de enfoque, de los efectos a las causas, podría tener implicaciones significativas en nuestra comprensión del universo y podría abrir nuevos caminos y métodos de investigación en diversos campos científicos.

Analogía para la licuefacción y evaporación:

Para entender lo que la teoría de Bepe Popu intenta transmitir, imagine una piscina que representa el espacio del universo y un recipiente de 10 litros lleno de agua dentro de ella. El recipiente simboliza una aglomeración de materia, en este caso, un gas. El agua dentro del recipiente simboliza el "dinamismo" almacenado en la aglomeración de materia que representa el gas.

Si comprimimos el recipiente, parte del agua se derramará/transferirá a la piscina, creando corrientes hacia el exterior del recipiente. Esto representa la pérdida/transferencia de dinamismo del gas en la licuefacción y la liberación de calor al entorno.

Si aumentamos el recipiente a su tamaño original, el agua de la piscina volverá a llenar el recipiente, creando corrientes hacia el interior del recipiente. Esto representa cómo un gas, al evaporarse, recupera su

capacidad de almacenar dinamismo y absorbe del entorno lo que se conoce como energía, que en la teoría propuesta se define como dinamismo estructurado.

Las trayectorias del agua en esta analogía son esenciales porque indican la trayectoria de desplazamiento/transferencia del dinamismo:

- Al comprimir el recipiente (aumentar el espacio), el agua se transfiere del recipiente a la piscina.
- Al expandir el recipiente (disminuir el espacio), el agua se transfiere de la piscina al recipiente.

Esta analogía ilustra cómo el dinamismo se transfiere entre un sistema (el recipiente) y su entorno (la piscina), dependiendo del espacio disponible. Así, la teoría de Bepe Popu propone una nueva forma de entender los cambios de estado de la materia, centrándose en el concepto de dinamismo y su relación con el espacio.

En esta analogía:

- Piscina: Representa el espacio general del universo, donde el dinamismo puede existir en diferentes formas, concentraciones y estructuras.
- Recipiente con agua: Representa un sistema delimitado, una aglomeración de materia, como un gas, que contiene una cierta cantidad de dinamismo (agua).
- Compresión del recipiente: Simboliza la licuefacción del gas, donde el espacio disminuye y el dinamismo se ve forzado a salir del sistema, generando corrientes hacia el exterior (transferencia de calor).
- Expansión del recipiente: Simboliza la evaporación, donde el espacio aumenta, permitiendo que el sistema absorba dinamismo (agua) de la piscina, generando corrientes internas.

Al analizar detenidamente el artículo, se puede observar que la teoría de Bepe Popu no niega la termodinámica convencional, sino que la complementa, ofreciendo una perspectiva diferente y más profunda sobre los fenómenos observados.

La termodinámica convencional se centra en la descripción de los cambios de estado en términos de energía cinética y transferencia de calor, lo cual es útil para predecir y controlar estos procesos en aplicaciones prácticas. Sin embargo, no explica por qué ocurren estos cambios a un nivel fundamental.

La teoría de Bepe Popu, por otro lado, intenta responder a esta pregunta introduciendo el concepto de dinamismo. Al considerar el dinamismo como la causa principal de los cambios de estado, esta teoría ofrece una explicación más completa y coherente de los fenómenos termodinámicos.

Además, la teoría de Popu no contradice las leyes de la termodinámica, sino que las reinterpreta a la luz del concepto de dinamismo. Por ejemplo, la liberación de calor durante la licuefacción puede verse como una consecuencia de la pérdida/transferencia de dinamismo, en lugar de una simple disminución de la energía cinética.

En este sentido, la teoría de Bepe Popu no reemplaza la termodinámica convencional, sino que la complementa, ofreciendo una comprensión más profunda de los mecanismos subyacentes. Ambas teorías pueden coexistir y enriquecerse mutuamente, proporcionando una visión más completa de los fenómenos termodinámicos.

Las teorías actuales estudian los fenómenos (efectos) con el objetivo final de descubrir las causas, pero la teoría de Bepe Popu propone una causa existencial fundamental de la realidad de la que derivan todas las causas (fenómenos) existentes.

Objetivo

El objetivo real del artículo es preparar intelectual y visualmente al lector para comprender y visualizar los conceptos originales de la teoría propuesta por Bepe Popu. A través de explicaciones claras y ejemplos concretos, el artículo facilita la comprensión y asimilación de la información presentada en los libros ya publicados, proporcionando una base para la exploración posterior de la teoría.

Este enfoque se considera especialmente importante en el caso de teorías complejas e innovadoras, como la que se presenta, que propone una nueva perspectiva sobre los conceptos fundamentales de la física y del universo. Al familiarizar al lector con los conceptos clave y cómo se interconectan, el artículo le ayuda a formarse una imagen mental clara y coherente de la teoría, lo que facilitará la comprensión y apreciación de la información presentada en los libros.

Además, al aclarar aspectos que podrían generar incertidumbres o interpretaciones erróneas, el artículo contribuye a una comprensión más profunda y matizada de la teoría, evitando confusiones e interpretaciones erróneas. Así, el artículo sirve como una herramienta valiosa para aquellos que deseen explorar la Teoría presentada por Bepe Popu y ampliar sus horizontes intelectuales.

Extracto:

La Teoría del Todo presentada por Bepe Popu parece ser muy importante y revolucionaria por las siguientes razones:

Al eliminar un número considerable de elementos fundamentales de la ciencia actual y reemplazarlos por un solo concepto, el dinamismo, la teoría propuesta por Bepe Popu simplifica nuestra comprensión del universo. Esta simplificación no se limita solo a la eliminación de conceptos como la materia oscura, la energía oscura, el gravitón o la deformación del espacio-tiempo, sino también a proporcionar

explicaciones alternativas coherentes para los fenómenos asociados con estos conceptos.

Por lo tanto, la Teoría presentada por Bepe Popu no solo elimina, sino que también explica. Logra ofrecer una perspectiva unificada sobre diversos fenómenos, desde la gravedad y la formación de agujeros negros hasta la naturaleza de la conciencia, utilizando un solo elemento fundamental: el dinamismo.

Este enfoque minimalista y unificador es extremadamente atractivo desde el punto de vista científico y filosófico, ya que sugiere que la aparente complejidad del universo podría ser el resultado de principios simples y fundamentales.

Aunque el dinamismo es un concepto nuevo introducido por Bepe Popu, está claramente definido y es coherente dentro del marco de la teoría, y sus causas existenciales son explicadas. Esto lo diferencia de otros elementos fundamentales en la ciencia, que a menudo se consideran dados y no se explican con mayor profundidad.

En conclusión, la Teoría del Todo presentada por Bepe Popu tiene el potencial de revolucionar nuestra comprensión del universo al simplificar y unificar los conceptos fundamentales. Al eliminar una multitud de elementos inexplicables e introducir un solo elemento fundamental, el dinamismo, la teoría ofrece una perspectiva nueva y cautivadora sobre la realidad.

La teoría propuesta no solo elimina conceptos, sino que también reemplaza o complementa con éxito varias teorías establecidas en la física teórica. Algunas de estas teorías incluyen:

- **Teoría de cuerdas:** La teoría de cuerdas postula que las partículas fundamentales son en realidad cuerdas vibrantes unidimensionales. La Teoría del Todo de Bepe Popu, en cambio, propone que el dinamismo es el elemento fundamental y lo define, eliminando la necesidad de cuerdas vibrantes y simplificando la base de la física de partículas.

- **Gravedad cuántica de bucles:** Esta teoría intenta unificar la mecánica cuántica con la relatividad general, describiendo el espacio-tiempo como una red de bucles cuantificados. La teoría presentada por Bepe Popu ofrece una explicación alternativa para la gravedad, basada en la absorción del espacio por la masa, eliminando la necesidad de una teoría separada de la gravedad cuántica.
- **Inflación cósmica:** Esta teoría propone un período de expansión exponencial del universo temprano. La teoría de Bepe Popu, con su concepto de ciclos universales y el aumento del dinamismo, ofrece una explicación alternativa para la expansión del universo, sin recurrir a la inflación cósmica.
- **Materia oscura y energía oscura:** Estos conceptos se introdujeron para explicar las observaciones astrofísicas que no encajan con las teorías actuales. La teoría de Bepe Popu, al redefinir la gravedad y la dinámica universal, podría eliminar la necesidad de estos conceptos misteriosos.
- **Multiverso:** Algunas teorías proponen la existencia de múltiples universos, cada uno con sus propias leyes físicas. La teoría de Bepe Popu, con su modelo cíclico del universo, ofrece una alternativa al concepto de multiverso. Explica la diversidad y evolución del universo a través de leyes físicas constantes entre universos sucesivos, presentando un comportamiento conservador en el que la funcionalidad se mantiene. Sin embargo, la acumulación de causas y efectos en cada ciclo genera un aumento de la realidad, lo que explica la magnitud actual del universo.

Es importante señalar que la Teoría presentada por Bepe Popu no niega todos los aspectos de estas teorías, sino que más bien los reinterpreta y los integra en un marco conceptual más amplio y unificado. Al eliminar algunos conceptos y explicaciones redundantes, la Teoría presentada por Bepe Popu simplifica y clarifica nuestra comprensión del universo.

La teoría propuesta del Todo se destaca por su amplitud y ambición, superando con creces el objetivo de la mayoría de las teorías científicas contemporáneas. En lugar de limitarse a explicar los fenómenos físicos

del universo, esta teoría propone una unificación de todo el espectro del conocimiento humano, integrando principios y conceptos de la ciencia, la filosofía, la psicología y muchos otros campos.

Este enfoque holístico, que tiene como objetivo proporcionar una explicación unificadora para varios aspectos de la realidad, es ciertamente inusual en el contexto de la ciencia moderna, que tiende a fragmentarse en disciplinas cada vez más especializadas. Sin embargo, la teoría de Popu puede verse como un retorno a una antigua tradición intelectual, en la que la búsqueda de una comprensión global del mundo y de nuestro lugar en él se consideraba el objetivo final del conocimiento.

Al intentar reunir las diversas facetas de la realidad en un marco coherente, la teoría de Bepe Popu nos desafía a repensar cómo entendemos la realidad y a explorar nuevas formas de conectar e integrar el conocimiento de diferentes campos. Esta unificación global del conocimiento, aunque inusual, puede ofrecer una perspectiva más completa y profunda de la realidad, permitiéndonos ver conexiones y relaciones que de otro modo podrían permanecer ocultas.

La teoría propuesta por Bepe Popu representa una valiosa contribución al debate sobre la naturaleza de la realidad y cómo las diferentes formas de conocimiento humano pueden interconectarse.

La teoría presentada en el libro, aunque novedosa y en algunos aspectos revolucionaria, y guarda ciertas semejanzas con el conocimiento científico actual, especialmente en lo que respecta a algunos principios fundamentales:

1. **Conservación de la energía:** La teoría de Bepe Popu postula que el dinamismo, el elemento fundamental de la realidad, se conserva a lo largo de los ciclos universales. Esto es similar a la ley de conservación de la energía en la física actual, que establece que la energía no se crea ni se destruye, solo se transforma.

2. **Ciclos:** La idea de un universo cíclico, aunque no ampliamente aceptada en la cosmología actual, no es completamente nueva. Existen modelos cosmológicos cíclicos que proponen que el universo pasa por fases de expansión y contracción, aunque los mecanismos y las escalas de tiempo involucradas difieren de la teoría de Popu.
3. **Importancia de la masa y el espacio:** La teoría de Popu otorga un papel fundamental a la masa y al espacio en la formación y evolución del universo. Esto es consistente con la física actual, donde la masa y el espacio-tiempo son considerados elementos clave en la descripción de la realidad.
4. **Gravedad como efecto emergente:** La idea de que la gravedad no es una fuerza fundamental, sino un efecto emergente de la interacción entre masa y espacio, ha sido explorada en algunas teorías alternativas a la relatividad general, como la gravedad entrópica.
5. **Relevancia del concepto de estado:** Aunque el concepto de "estado" no se utiliza de la misma manera en la física actual, la idea de que la realidad puede describirse en términos de diferentes estados o configuraciones es fundamental en muchas áreas de la ciencia, como la termodinámica y la mecánica cuántica.

Sin embargo, la teoría de Bepe Popu también presenta diferencias significativas con respecto a la ciencia actual:

1. **Dinamismo como elemento fundamental:** La introducción del dinamismo como el único elemento fundamental de la realidad es una desviación radical de las teorías actuales, que generalmente consideran la masa y la energía como entidades fundamentales.
2. **Creación de espacio:** La idea de que el espacio puede ser creado y destruido a través de la manipulación de la energía es una propuesta audaz que desafía las concepciones actuales sobre la naturaleza del espacio-tiempo.
3. **Reinterpretación de la gravedad:** La explicación de la gravedad como un efecto de la absorción/sincronización del

espacio por parte de la masa es una interpretación novedosa que difiere de la visión convencional de la gravedad como una fuerza fundamental.

4. **Alcance de la teoría:** La teoría de Bepe Popu pretende ser una "Teoría del Todo", abarcando no solo los fenómenos físicos, sino también aspectos de la filosofía, la psicología y otras disciplinas. Este enfoque holístico contrasta con la especialización que caracteriza a la ciencia moderna.

Resumido

El espacio: análisis conceptos y evidencias.

La física actual define el espacio de manera limitada. Un análisis más profundo revela características importantes del espacio, como ser existencial, tener forma, permitir cambios y ser medible. La teoría de Bepe Popu propone que el espacio es un elemento activo que permite los cambios, y puede cambiar, siendo clave en el funcionamiento del universo debido a su variabilidad extrema, que partió desde inexistente hasta un volumen total en la expansión.

Esta teoría ofrece evidencias observables y experimentos simples para respaldar sus afirmaciones. El espacio es un elemento esencial básico para el Universo y distinto al Dinamismo considerado como elemento fundamental de la Realidad. La Realidad abarca ciclos de formación y desintegración de Universos, donde el espacio puede ser inexistente. Tanto la masa como el espacio provienen del Dinamismo siendo el Dinamismo el elemento fundamental, pero la relevancia del espacio se centra específicamente en la formación y actuación del Universo.

Español

Características del espacio según la teoría:

Esencial para la formación y actuación del Universo, fácilmente detectable como separación, creable con facilidad, permite el cambio y la transformación, extremadamente variable, responsable de la actuación, baja densidad, presenta viscosidad, innegable, activo, una estructura del Dinamismo, transformable en masa y viceversa, responsable de la gravedad junto con otro elemento, generable y manipulable desde el elemento fundamental de la Realidad.

Análisis:

1. **El espacio es responsable de la gravedad:** La gravedad surge de la existencia conjunta de masa y espacio.
2. **El espacio es fácilmente detectable:** Se detecta como separación, pero requiere referencias.
3. **El espacio es extremadamente variable:** Un experimento simple lo respalda: estirar el émbolo de una jeringa crea espacio. La energía, definida como Dinamismo estructurado, crea nuevo espacio.

El espacio es el responsable del cambio y la transformación en el universo. Aunque la masa está involucrada, no es un elemento activo en sí mismo. La actividad se debe a la actuación del espacio, aunque nuestra percepción se centre en la masa debido a su relevancia observacional.

Para entender el desplazamiento:

1. **El espacio se define como Dinamismo con trayectorias indefinidas.** El Dinamismo es el potencial del cambio, fundamental de la Realidad.

2. **La masa es una partícula fundamental de dinamismo estructurado en una trayectoria omnidireccional convergente.** Esta trayectoria es inactiva y no permite el desplazamiento, es dinamismo no iniciado.
3. **Una aglomeración de masas contiene espacio, lo que posibilita el cambio de posición.**
4. **Al aplicar energía (dinamismo iniciado con trayectoria definida) a una aglomeración de masas, se define la trayectoria del espacio interno.** Esto resultará en el movimiento de la aglomeración.

Esta explicación, aunque simplificada, puede ser difícil de entender para intelectos basados en la comparación, ya que la masa es más tangible. Sin embargo, esta es la primera definición que argumenta el movimiento, la energía y su transferencia. La energía, en esta teoría, se define como dinamismo estructurado con una trayectoria definida, es decir, dinamismo iniciado.

El espacio es un elemento extremadamente variable en esta teoría, pasando de la inexistencia a un volumen total durante la expansión universal. Este proceso se inicia con la desintegración de la Masa Primordial, un estado de densidad máxima donde toda la realidad se concentra en un único elemento de masa y el espacio no existe.

La ausencia de espacio impide la manifestación de la gravedad, necesaria para mantener la masa unificada. La masa primordial se desintegra, liberando dinamismo que se transforma en espacio con trayectorias indefinidas y multitud de masas representadas por trayectorias convergentes definidas. Este proceso no dinámico genera la totalidad del espacio en un instante, lo que demuestra su extrema variabilidad.

El espacio es el responsable de la actuación universal, tanto su existencia como su inexistencia generan cambios. La expansión crea las condiciones para la gravedad, que inicia la dinámica del universo y

genera sucesiones de causas y efectos, resultando en la diversidad actual.

Contrario a lo establecido, el espacio es el elemento activo del Universo, no la masa. La masa es una referencia inactiva, mientras que la capacidad variable del espacio le otorga un carácter activo e iniciado, es la relación combinatoria entre una o varias constantes con una variable en las matemáticas.

El espacio, de magnitud colosal y baja densidad, es dinamismo sin trayectorias definidas. La masa, en cambio, es densa debido a la falta de espacio y presenta una estructuración central en sus trayectorias. Aunque intangible, el espacio es fundamental por permitir el cambio.

A pesar de su baja densidad, el espacio tiene viscosidad, lo que le confiere propiedades físicas reales. Aunque la ciencia actual lo define como vacío, desde una perspectiva materialista, puede considerarse falta de materia, pero siempre manifestará una magnitud dinámica por ser dinamismo.

Desde una perspectiva reducida, no se pueden explicar conceptos como la actuación, el desplazamiento, el movimiento y la energía. La viscosidad del espacio, evidente en la inercia y la aceleración, restringe y condiciona la velocidad de la luz.

La ciencia excluye el espacio como elemento, posiblemente debido a un sesgo hacia lo tangible derivado de nuestra evolución. Sin embargo, el espacio es innegable y esencial para la existencia y la actividad en el universo. Sin espacio, conceptos como el desplazamiento, la combinación y la evolución serían imposibles. La masa es solo una referencia inactiva ocupando un espacio que permite la actividad, como hojas en un río que se mueven por el dinamismo del agua.

La cognición, basada en la comparación, utiliza referencias tangibles debido a su estabilidad, pero la cognición humana puede trascender esta limitación.

En esta teoría, toda la realidad se origina desde Dinamismo, incluyendo el espacio. El espacio, inicialmente inexistente, se expande a un volumen total. Antes de la expansión, todo el dinamismo forma solo una Masa Primordial, cuya desestructuración genera masa y espacio.

La gravedad surge de la coincidencia entre espacio y masa, sincronizando sus trayectorias y transformando el espacio en masa. Este proceso es reversible y depende del apoyo céntrico formado.

La gravedad es fundamental para la existencia y persistencia del universo. Requiere la coexistencia de masa y espacio. Sin espacio, las trayectorias no se manifiestan y la masa no puede actuar. La gravedad causa el acercamiento y combinación de masas, cumpliendo con las características fundamentales de la realidad: actuación, repetición y acumulación.

El espacio se crea fácilmente a partir de la energía (dinamismo iniciado), como al estirar el émbolo de una jeringa. Este proceso es reversible al soltar el émbolo. La masa, en cambio, es más difícil de generar debido a la complejidad de la sincronización de las trayectorias que la definen.

La realidad se define y moldea en trayectorias. Existen dos tipos de realidades: la realidad objetiva, que es la realidad física y compartida, y las realidades subjetivas, que son las interpretaciones individuales de esa realidad objetiva fundamental.

Las realidades subjetivas, aunque diversas, están influenciadas por la trayectoria principal de la realidad objetiva, pero pueden presentar desviaciones. El propósito fundamental de las realidades subjetivas es sincronizarse con la realidad objetiva para conseguir el conocimiento absoluto, lo que se logra a través de un proceso continuo de ajuste y corrección.

Hasta ahora, las realidades intelectuales habían seguido un curso complicado, pero esta teoría propone que es posible sincronizarlas con la realidad objetiva, la única Realidad Física Fundamental.

El artículo presenta una teoría que busca explicar la relación entre la realidad objetiva (física y común) y las realidades subjetivas (interpretaciones individuales). Propone que las realidades subjetivas están influenciadas por la realidad objetiva, pero pueden desviarse. El objetivo de estas realidades subjetivas es sincronizarse con la realidad objetiva mediante un proceso continuo de ajuste y corrección basado en la evidencia empírica.

La teoría afirma facilitar esta sincronización al proporcionar un marco conceptual que permite alinear las realidades subjetivas con la realidad objetiva. Para lograr este propósito, la teoría debe ser:

1. **Autorespaldable:** Basarse en evidencias claras y comprensibles.
2. **Consistente:** Argumentos lógicos, coherentes y respaldados empíricamente.
3. **Inmune a la manipulación de evidencias:** Pruebas evidentes, transparentes y honestas.
4. **Aplicable en la práctica:** No solo conceptualmente sólida, sino útil en la realidad.

La teoría utiliza el concepto de "trayectorias" para explicar la realidad porque el dinamismo, elemento fundamental de la realidad, se manifiesta en masa y espacio. Las trayectorias son esenciales para entender cómo el dinamismo se transforma y actúa en el universo.

El dinamismo, que puede ser tangible o intangible, se detecta a través de la masa y el espacio. Para entender las trayectorias, es necesario

considerar el universo volumétrico, donde estas se manifiestan debido a la presencia del espacio.

La masa, aunque compuesta de dinamismo, no presenta funcionamiento ni trayectorias activas porque es dinamismo no iniciado. El espacio, también compuesto de dinamismo, tiene trayectorias indefinidas que solo se manifiestan en presencia de la masa. Ambos son estados de potencialidad del Dinamismo.

La energía es dinamismo iniciado, con trayectorias activas que implican dirección y potencial de cambio. Es fundamental para la actuación y evolución del Universo.

Un universo con solo masa sería compactado e inerte, mientras que uno con solo espacio sería volumétrico pero también inerte. La combinación de masa y espacio genera energía, iniciando la actividad dinámica del universo (el cambio y las combinaciones).

La masa tiene trayectorias convergentes apoyadas que impiden el desplazamiento, mientras que el espacio tiene trayectorias indefinidas que permite cualquier cambio de posición como movimientos u desplazamientos. Al interactuar, las trayectorias del espacio se definen en función de las de la masa.

La masa y el espacio pueden transformarse mutuamente. Si el espacio sincroniza sus trayectorias con las de la masa, se convierte en masa. Este proceso es reversible: al afectar el apoyo céntrico de la masa, esta se transforma en espacio, fragmentos de masa y energía.

Masa y espacio son estructuraciones del dinamismo, inertes por sí solos. El dinamismo es la potencialidad del cambio, y al iniciarse, se manifiesta como energía.

Entender la realidad a través de trayectorias, ya sean potenciales o iniciadas, es más preciso que usar elementos tangibles o intangibles. La

percepción de masa y espacio se debe a nuestra configuración estructural, pero en la realidad objetiva solo existen trayectorias.

El dinamismo, la potencialidad inherente a la realidad, se manifiesta como masa "estructurada" y espacio "estructurable". Su interacción desencadena la actuación y la manifestación de la realidad.

El estado "NADA" es una potencialidad absoluta e incondicionada, sin magnitudes definidas, a diferencia de la masa y el espacio o la realidad en conjunto. Aunque estado "NADA" no es definido por dinamismo, representa una capacidad potencial absoluta. El dinamismo, en cambio, es la capacidad de generar cambios basada en una magnitud definida y condicionada, siendo fundamental para el universo y la Realidad.

La teoría postula dos estados: Nada (potencialidad no iniciada sin limitaciones) y Real (cambio de estado desde Nada, con formación de la primera referencia primordial). Esta referencia primordial capaz de producir el cambio de estado debe cumplir tres condiciones para persistir: funcionalidad, repetitividad y autoaumento.

Estas condiciones se deducen del funcionamiento actual del Universo y sus sistemas, donde cada sistema cumple estas características para persistir. La Realidad misma está condicionada por estas características.

La funcionalidad de la realidad es cíclica, basada en sucesiones de Universos. Un ciclo inicia con la Masa Primordial, que se desintegra generando variedad masas y espacio. La desintegración, llamada "expansión", es una disminución de densidad con aumento volumétrico de la Realidad misma.

La densidad extrema de la Masa Primordial impide la actuación, pero su desintegración con formación de espacio permiten la actuación de los componentes formados, transformando la realidad de inerte a dinámica y funcional.

La Realidad, aunque tangible y funcional, parte de un estado intangible y no iniciado (Nada).

Paradojas y funcionamientos inusuales:

- **Nada:** La existencia de nada implica su propia inexistencia, convirtiéndola en un estado de máxima potencialidad sin limitaciones.
- **Atemporalidad:** El tiempo es un concepto relativo a la sucesión de causas y efectos, y en un estado no iniciado no existe percepción temporal. Un observador interno solo percibe el tiempo cuando el sistema está activo, mientras que un observador hipotético externo percibirá una continuidad temporal.
- **Tangibilidad:** Es una percepción comparativa basada en la diferencia de consistencia y densidad entre elementos. Si todo tuviera la misma consistencia, la tangibilidad desaparecería.

Expansión por transformación:

La realidad no se expande en el sentido tradicional, sino que modifica su densidad. Todo lo medible está incluido en la realidad, por lo que no se puede medir desde fuera, todo lo existencial esta englobado en la misma realidad. La realidad se compone de estructuraciones variadas de un elemento fundamental, el Dinamismo.

La expansión se asemeja a un trozo de hielo seco en un globo: al derretirse, el volumen aumenta debido al cambio de densidad, detectándose similitud con lo postulado para la expansión. En la realidad, el Dinamismo se transforma desde intangible (espacio) a tangible (masa) y viceversa.

La masa y el espacio son Dinamismo no iniciado, mientras que la energía es Dinamismo iniciado y produce actuación. La diferencia de densidad entre masa y espacio define la tangibilidad.

Aumento dinámico:

El aumento dinámico solo se observa a nivel global y es parte funcional de la Realidad. La evidencia observacional en el corrimiento al rojo del universo actual sugiere un aumento gradual del Dinamismo.

La gravedad, una interacción entre masa y espacio, acerca las masas que concluirá con la formación de una masa colosal que englobará todo el dinamismo y resumirá la realidad. Sin embargo, la ausencia de espacio impide la manifestación de la gravedad, causando la desintegración de la masa y la generación de espacio dando lugar a una nueva manifestación universal.

Este proceso cíclico de unificación y desintegración resultará en un aumento del dinamismo en cada ciclo, ya que la desintegración es no dinámica y la reintegración es dinámica permitiendo la aceleración.

En resumen, el aumento volumétrico se debe a la falta de una condición (espacio), que provoca la desintegración no dinámica. Al restablecerse la condición, se produce la reintegración esta vez dinámica, generando un aumento del dinamismo en el sistema.

Origen intangible o inmaterial:

La realidad, aunque se percibe como tangible, tiene un origen intangible. El dinamismo, elemento fundamental, se manifiesta tanto en lo tangible (masa) como en lo intangible (espacio). No es ni uno ni lo otro, sino la capacidad de cambio que abarca ambos estados. La energía, una de sus manifestaciones, es dinamismo iniciado y estructurado en una trayectoria direccional. El origen de la existencia parte de un estado no iniciado llamado Nada.

Conservación:

El dinamismo se conserva y aumenta debido al cambio de estado de Nada a Real. La ciencia confirma que la masa y la energía se transforman, no desaparecen. El dinamismo no puede desaparecer y se conserva en la Realidad, un sistema cerrado sin transferencias externas. Revertir el proceso dinámico implicaría detener todos los procesos, llegando a un estado similar al origen, pero no será persistente por falta de espacio. La conservación del dinamismo permite el aumento, explicando la magnitud del universo y los principios de conservación de masa y energía.

Aumento volumétrico y material:

El universo observable, vasto y lleno de elementos materiales, contradice un estado inicial de Nada. La evolución implica un aumento debido a la conservación y acumulación del dinamismo. Si el Dinamismo aumenta, la Realidad también. Todo lo existente deriva del dinamismo, por lo que su aumento genera más espacio, materia, acciones e interacciones. El aumento del Dinamismo resultará en un aumento volumétrico, material y dinámico de la Realidad.

Visión cerrada:

Esta visión de la realidad es limitada, ya que proviene de un intelecto dentro de la misma realidad. Sin embargo, se basa en observaciones funcionales intrínsecas a la realidad, accesibles a cualquier observador con capacidad cognitiva similar.

Puntos clave de la teoría:

- **El estado "Nada":** Es un estado sin tiempo, leyes físicas ni limitaciones, de potencialidad pura donde todo es posible. Es un estado no iniciado.

- **La primera referencia:** Surge espontáneamente del estado "Nada" y debe ser funcional, repetitiva y acumulativa para persistir y generar la realidad.
- **El Dinamismo:** Elemento fundamental del que deriva todo (masa y espacio). No iniciado es masa o espacio, iniciado es energía.
- **Expansión por transformación:** La realidad pierde densidad al transformarse el Dinamismo estructurado en una única trayectoria convergente, generando un aumento volumétrico.
- **Aumento dinámico:** El aumento del Dinamismo aumenta la Realidad misma, incluyendo las actuaciones, sus componentes y el espacio. Es un proceso cíclico debido a la interacción entre masa y espacio, generando gravedad y permitiendo la aceleración.
- **El tiempo como interpretación:** El tiempo no es una entidad fundamental, sino una interpretación intelectual de las sucesiones de causas y efectos.
- **La conciencia:** Estructura compleja del Dinamismo que puede generar cambios en la realidad.
- **Libre albedrío y propósito:** El libre albedrío está limitado por las leyes, condiciones y las características de cada realidad. El propósito de la existencia es la funcionalidad, para garantizar la persistencia, manifestándose en el instinto de perpetuación en el caso de la vida.

Extendido

El Espacio: Análisis, Conceptos y Evidencias

En la física actual, el espacio se define como una entidad geométrica donde interactúan los objetos físicos y los eventos tienen posición y dirección. Sin embargo, esta definición no profundiza en la naturaleza y el papel fundamental del espacio en la realidad.

Un análisis más detallado revela características y propiedades clave del espacio:

1. Es un elemento existencial.
2. Tiene una forma.
3. Es un marco de acción.
4. Permite cambios.
5. Permite el cambio situacional.
6. Puede ser medido.
7. Tiene al menos una magnitud propia.
8. El espacio es innegable.

Estas características sugieren que el espacio es un elemento existencial, fundamental e innegable.

La teoría propuesta por Bepe Popu va más allá, considerando el espacio como un elemento activo que no solo actúa como marco para el cambio, sino que también cambia en sí mismo. Es el elemento responsable del cambio y, debido a sus características variables extremas (desde inexistente hasta un volumen total en la expansión), se convierte en un elemento de gran importancia en el Universo.

Sin embargo, estas afirmaciones requieren justificación. Se necesitan evidencias y, si es posible, presentar o proponer experimentos que demuestren que el espacio se puede crear, y si existe conexión con otros elementos, que se definan dichas conexiones.

La teoría de Bepe Popu considera el espacio como un elemento básico esencial para la existencia y manifestación del Universo, pero no confundirse con el elemento fundamental de la Realidad, el Dinamismo, del cual derivan los demás elementos básicos esenciales. La Realidad, en esta teoría, abarca la formación y desintegración de Universos en una actuación cíclica.

Según esta teoría, tanto la masa (lo tangible) como el espacio (lo intangible) están formados a partir de un elemento fundamental que define la Realidad misma, pero en la actuación de la Realidad hay

etapas donde el espacio es inexistente, por lo que su relevancia se concentra en la actuación del Universo (actuación Universal).

Características y propiedades del espacio según la teoría presentada:

- Elemento esencial para el Universo.
- Fácilmente detectable (como separación).
- Puede ser creado con facilidad.
- Permite el cambio y la transformación.
- Extremadamente variable.
- Responsable de la actuación.
- Baja densidad.
- Presenta viscosidad.
- Es un elemento innegable.
- Es un elemento activo.
- Es una estructuración del Dinamismo.
- Se puede transformar en masa.
- Conversión reversible, en, y desde, Dinamismo.
- Es uno de los dos elementos responsables de la formación, manifestación y persistencia de la gravedad.
- Puede ser generado y manipulado en base al elemento fundamental de la Realidad.

Análisis punto por punto:

Como elemento esencial para la formación, actuación y persistencia del Universo, destacan los siguientes puntos:

- **El espacio es responsable de la gravedad:** La teoría postula que la gravedad es un efecto inevitable que aparece por la existencia conjunta de masa y espacio. Esto convierte al espacio en un elemento indispensable para la gravedad, ya que si falta uno de estos dos componentes, la gravedad no puede manifestarse.
- **El espacio es fácilmente detectable:** Esta afirmación es válida debido a que se detecta como separación, pero para su detección son necesarias referencias, debido a nuestro método de cognición comparativo.
- **El espacio es extremadamente variable:** La teoría propone un experimento simple para respaldar esta afirmación: tapar la boquilla

de una jeringa y estirar el émbolo. Al aplicar energía para extraer el émbolo, dentro de la jeringa se crea un espacio nuevo que antes no existía. Esto se puede detectar mejor aislando el experimento dentro de un balón con aire: se observará que al estirar el émbolo se genera más volumen. Este experimento es reversible; si se suelta el émbolo, el espacio desaparece y la energía se recupera. Aunque la ciencia actual tiene otras explicaciones para este experimento, ninguna explicación puede refutar la formación de nuevo espacio, sin usar el términos subjetivos como "nada" o "vacío" que no son bien definidos por la ciencia misma. En conclusión, no se puede negar la formación de espacio por la aplicación de energía, donde esta teoría define la energía como Dinamismo estructurado en una trayectoria definida.

El espacio como responsable del cambio y la transformación:

El espacio es el que permite el cambio y la transformación, aunque siempre implica la masa, esta última no es un elemento activo. La actividad se debe a la actuación que la permite el espacio, aunque nuestras observaciones y procesamiento cognitivo nos indiquen otra cosa debido a la relevancia observacional de la masa. Para entender mejor, se definirá el desplazamiento en base a la teoría propuesta por Bepe Popu.

Para entender el desplazamiento, debemos definir primero el espacio: Dinamismo con trayectorias indefinidas, donde el Dinamismo es el potencial de cambio y el único elemento fundamental de la Realidad. Para definir el desplazamiento, consideremos una aglomeración de masas. La masa es una partícula fundamental de dinamismo definida por dinamismo estructurado en una trayectoria convergente. Esta trayectoria convergente indica una magnitud dinámica inactiva, ya que está apoyada céntricamente en la masa que define. Aunque pudiera manifestar una magnitud con la capacidad de generar cambios, no los manifestará debido a que no presenta una trayectoria activa; es dinamismo no iniciado. Una aglomeración de masas se define como varias partículas fundamentales de masa con separación, donde la separación es el espacio.

Si la masa como partícula singular es dinamismo no iniciado, no podrá manifestar una actuación dinámica, por lo que no puede generar desplazamientos por sí misma. Sin embargo, si es una aglomeración de partículas de masa, será una aglomeración de masas que contendrá espacio. Este espacio le da la capacidad de cambiar de posición en un espacio con trayectorias indefinidas. Solo se tendrán que definir las trayectorias del espacio interno englobado en la aglomeración de masas.

Entonces, aplicando energía a una aglomeración de masas (donde la energía es dinamismo iniciado definido por una trayectoria direccional definida), la trayectoria aplicada definirá la trayectoria del espacio compuesto en la aglomeración de masas. Como resultado, tendríamos un espacio con trayectoria ya definida por la aplicación de energía que esta englobada en la aglomeración de masas, ignorando las partes de masa que define la aglomeración se dispone de un espacio aislado por la masa situado en un espacio global con trayectorias indefinidas, desde donde se puede deducir un desplazamiento de la aglomeración conforme a la trayectoria del espacio englobado en la misma.

Esta argumentación, aunque basada en una explicación simple y resumida, puede ser difícil de procesar para intelectos basados en comparación, debido a que la parte más detectable es la aglomeración en su conjunto, que es material lo que lo hará más compatible con una cognición comparativa y nuestra naturaleza tangible. Sin embargo, es la primera definición que argumenta el desplazamiento, la energía y la transferencia de energía, recordar que la energía en esta teoría se define como dinamismo estructurado en una trayectoria direccional definida, entonces es dinamismo iniciado.

El espacio como elemento extremadamente variable:

Esta teoría presenta un sistema funcional cíclico para definir la Realidad, donde parte del funcionamiento y la actuación de la realidad es el Universo. Esta teoría define la realidad como una sucesión de Universos, donde el Universo es el estado volumétrico de la realidad, y

volumétrico implica poca densidad, lo que implica una magnitud considerable de espacio.

Esta teoría presenta el inicio de un ciclo como una desintegración del dinamismo compactado en un único elemento que se denomina "Masa primordial", por su estructura convergente. En el estado más denso, toda la realidad se resume en un solo elemento de masa, por lo que el espacio es inexistente, ya que todo el dinamismo que define la realidad forma solo un elemento de masa. La teoría propone que, por la falta de espacio, la masa se desintegrará, debido a que no manifiesta gravedad para mantenerse como un elemento único de masa. Recordemos que para la existencia y persistencia de la gravedad se necesita la presencia de masa y espacio, pero en este caso, el espacio no está presente.

Entonces, la masa pierde su estructura y su propiedad de elemento estructural único formado de dinamismo, provocando una desintegración no dinámica, donde parte del dinamismo que definía la masa primordial perderá la estructura de sus trayectorias, generando espacio definido por trayectorias indefinidas. En conclusión, se genera espacio desde un único elemento antes llamado Masa Primordial. Esta actuación de desintegración representa la Expansión no dinámica, resultando en una multitud colosal de elementos de magnitudes menores que seguirán estructurados, repartidos en un espacio colosal. Así, la totalidad volumétrica del espacio se genera en un proceso no dinámico y en un instante.

En conclusión, el espacio parte desde inexistente hasta un volumen total en la expansión, lo que le confiere un carácter extremadamente variable.

El espacio es el responsable de la actuación universal. Tanto su existencia como su inexistencia producen actuaciones o cambios de estado y posición. Con la expansión se dan las condiciones para la gravedad; con la gravedad, el universo inicia su dinámica, transformándose en un sistema funcional que genera sucesiones de causas y efectos. Estas sucesiones causaran todas las actuaciones y

combinaciones del universo, resultando en la variedad actual de componentes, materia y actuaciones. En contra de lo establecido, el elemento activo del Universo es un elemento intangible que conocemos como separación, o que esta teoría denomina como Espacio, por sus características y propiedades. Esto tiene su lógica conforme a la teoría presentada, debido a que la masa es solo la referencia que no le confiere un carácter activo y, debido a la estructuración de sus trayectorias apoyadas céntricamente, indica un elemento estático, aunque tiene el potencial, no está iniciado. En cambio, la capacidad variable del espacio le da un carácter activo que indica un estado iniciado hasta si solo permite el cambio.

El espacio es una magnitud volumétrica colosal, lo que indica poca densidad estructural; es dinamismo sin trayectorias definidas. La magnitud de espacio define la densidad de los elementos estructurados o no. La masa, como elemento no iniciado que no manifiesta el dinamismo, es un elemento extremadamente denso, donde la densidad extrema se debe a la falta de espacio, que imposibilita la manifestación de trayectorias internas. En esta teoría, debido a la poca densidad, el espacio se denomina elemento intangible, pero de mayor importancia por ser el elemento activador universal por permitir el cambio.

Aunque definido por su poca densidad, el espacio presenta un grado de viscosidad que le da un carácter real con propiedades físicas, a pesar de que las ciencias actuales lo definen a menudo como falta de todo, un vacío o nulo. Visto desde una perspectiva material reducida, considerando solo la masa o lo tangible, estas afirmaciones pueden tener alguna validez, debido a que el espacio puede considerarse una falta total de materia, pero siempre manifestará un cierto grado de energía por ser dinamismo.

Mirándolo desde esta perspectiva reducida, no se puede explicar la actuación, el desplazamiento, el movimiento y tampoco la energía, quedando solo conceptos impuestos que a menudo se definen como fundamentales por faltar una definición concreta en base a causas anteriores, resumiéndose solo a los efectos. La viscosidad del espacio es evidente y fácil de experimentar, incluso por nuestra propia estructura

en la aceleración, pero también define y restringe el límite observado para la velocidad de la luz. La viscosidad y consistencia del espacio están definidas por la ciencia también como la inercia. Cualquier cambio de posición de las aglomeraciones de masas en el espacio presentará la inercia que respalda la viscosidad del espacio.

La ciencia, pese a confirmar su existencia, lo excluye como elemento fundamental. Esto se debe a la naturaleza biológica tangible y a la percepción sensorial, moldeada por la evolución para detectar principalmente amenazas tangibles, lo que ha favorecido la adaptación y conservación estructural, permitiendo la perpetuación en un entorno material. El espacio o la separación es innegable por ser parte existencial de la realidad misma. Su importancia es extremadamente relevante: sin espacio, el desplazamiento sería imposible, y de esto derivan más efectos como la combinación, la evolución y otros. En conclusión, las masas son solo referencias inactivas en un espacio que permite la actividad. Como ejemplo hipotético, las masas son las hojas en la superficie de un río, que la ciencia actual considera que las hojas forman acumulaciones porque interactúan entre sí de alguna forma, cuando en realidad son solo una consecuencia del dinamismo del río. Ignorar el espacio es como ignorar el río, quedándonos solo con una definición primitiva sobre la actuación de las hojas.

Por la analogía con el río y las hojas, se puede concluir que el carácter activo del río se transmite e interviene en el carácter individual inactivo de las hojas. Pero nuestro intelecto, o cualquier intelecto, sea cual sea su capacidad actual de cognición, utiliza siempre las partes con mayor tangibilidad como referencia, debido al carácter poco cambiable del mismo. Siempre la cognición comparativa utiliza referencias para procesar las diferencias y, casi siempre, las diferencias las aplica a las mismas referencias, incluso si las referencias son unas constantes. Recordar que, para una evolución biológica correcta, el procesamiento en base a comparación, es esencial para la perpetuación o para garantizar la persistencia en un entorno material con peligros materiales, pero la cognición humana marca la diferencia.

En conformidad a la teoría a que pertenece este articulo, toda la realidad está estructurada a partir de un único elemento fundamental denominado Dinamismo. Por lo tanto, el Espacio es una estructuración o derivación del mismo dinamismo. El espacio parte desde inexistente a un volumen total en la expansión. Antes de la expansión, el dinamismo solo forma una estructura convergente que definirá un único elemento, que la teoría define como Masa Primordial. La desestructuración de la Masa Primordial libera toda su potencialidad de dinamismo, que se transforma en partes de Masa y Espacio. Estas masas, variadas en magnitud, se colocarán en el espacio en formación; es como un aumento intermedio de la separación. Aunque en términos de tangibilidad la separación se ha considerado como falta de materia o definida a menudo como nada o vacio, esta separación se ha formado desde el dinamismo que se ha desestructurado desde la masa primordial, que era dinamismo puro estructurado en una trayectoria entrante convergente apoyada céntricamente, donde este apoyo se ha mantenido solo por el periodo que se ha manifestado la gravedad. Sin embargo, por la desaparición total del espacio, la gravedad dejará de manifestarse, afectando el apoyo. La desaparición del apoyo, debido a la falta de gravedad, liberará toda la magnitud de dinamismo, iniciando el proceso, antes inactivo, y generando un proceso dinámico de transformación y actuación. Entonces, tanto las masas resultantes como el espacio formado, son la transformación del dinamismo antes contenido por la masa primordial.

Hasta ahora, se ha hecho referencia a la Masa, Masa Primordial y a las masas como aglomeraciones. Esta teoría define que la coincidencia del espacio y la masa genera inevitablemente un efecto denominado Gravedad. La formación de este efecto es la consecuencia de la sincronización de las trayectorias que definen el espacio con las trayectorias que definen la masa como elemento. Como la masa está definida por trayectorias convergentes, estas indican una trayectoria entrante, mientras que las trayectorias que definen el espacio no están definidas. Entonces, si hay coincidencia, las trayectorias de la masa definirán las trayectorias del espacio en la zona coincidente, y como sus únicas diferencias son las trayectorias, se concluirá en la transformación del espacio en masa, provocando una disminución del espacio y

aumento de la masa. Si esta disminución es intermedia, generará acercamiento, pero siempre provoca una disminución del espacio global que se sincronizará hasta desaparecer por completo, quedando solo una estructura convergente denominada Masa Primordial. En conclusión, el espacio se transforma en masa debido al efecto inevitable de sincronización que genera un efecto conocido denominado como Gravedad.

Entonces, el espacio es dinamismo no estructurado que se puede transformar en masa, entonces el espacio se transformar en masa en un proceso de sincronización. Este proceso de conversión es reversible y depende solo del apoyo céntrico formado. La reversibilidad se puede detectar en las explosiones nucleares, donde una pequeña cantidad de masa genera una explosión colosal. Esto se debe a la alteración del apoyo que define la masa constituyente de los átomos que forma la materia, es un efecto subatómico, convirtiendo un elemento estable e inactivo por el apoyo céntrico en un elemento activo que se transformará en espacio y otros elementos como masa y energía.

El espacio es uno de los dos elementos responsables de la formación, manifestación y persistencia de la gravedad. La condición existencial para la gravedad es la coexistencia de la masa y el espacio. La gravedad, en esta teoría, se presenta como un proceso de sincronización de trayectorias que define el Dinamismo en forma de Espacio con el Dinamismo en forma de Masa. Entonces, el espacio es condición existencial para las trayectorias; si no hay espacio, las trayectorias no se pueden manifestar, por lo que la masa, como no contiene espacio, no manifestará las trayectorias; serán persistentes pero inactivas, no actuarán. Una masa, como está definida por trayectorias, necesitará el espacio para persistir. Este espacio es externo que, debido a la sincronización, disminuirá, generando un aumento de magnitud dinámica de la masa sincronizadora, que se define como un aumento de dinamismo. La gravedad genera acercamiento entre las masas si se da la condición intermedia, generando la actuación que producirá combinación. La persistencia estructural de la masa implica actuación continua. Esto concluirá la funcionalidad del sistema, que tendrá que cumplir con las características fundamentales descritas para la realidad

misma: estas características fundamentales son la actuación, repetición y acumulación, para ser persistente.

El espacio es muy fácil de crear desde la energía, que es dinamismo iniciado con una trayectoria direccional definida. Es como estirar del émbolo de una jeringa: el espacio resultante dentro de la jeringa es un espacio recién formado. La reversibilidad se consigue soltando el émbolo, donde el resultado será la desaparición del espacio formado en la jeringa con la generación de energía. Es un proceso de reversibilidad casi perfecto, perdiéndose solo la energía empleada para vencer la fricción. En cambio, la masa es más difícil de generar debido a la sincronización convergente de las trayectorias que la define.

La realidad como trayectorias:

La realidad, como dinamismo, se define en trayectorias y se moldea en ellas. Sin embargo, en esta teoría se hacen referencias a otras realidades englobadas en la realidad objetiva: las realidades subjetivas, tan numerosas como los intelectos existentes.

Si la realidad objetiva sigue su trayectoria y las realidades intelectuales son parte de ella, las trayectorias que definen estas últimas serán influenciadas por la trayectoria principal marcada por la realidad objetiva, aunque pueden existir desviaciones.

La trayectoria ideal de la realidad intelectual debería sincronizarse perfectamente con la trayectoria definida por la realidad objetiva, las realidades intelectuales están en continua sincronización, convirtiendo este proceso en el propósito fundamental de las realidades subjetivas.

Hasta la aparición de esta teoría, las trayectorias que seguían las realidades intelectuales habían marcado un curso complicado, dando vueltas alrededor de la trayectoria principal que marca la Realidad, aunque ocasionalmente se producían coincidencias. Sin embargo, esta teoría es capaz de sincronizar las trayectorias de cualquier realidad intelectual que entre en contacto con la realidad objetiva, la única Realidad Física.

¿Qué quiere transmitir este artículo?

El artículo expone una teoría que busca explicar la relación entre la realidad objetiva y las realidades subjetivas, utilizando el concepto de "trayectorias" como concepto para describir el proceso dinámico que siguen estas realidades.

La **realidad objetiva** es la realidad física, tangible y compartida por todos los intelectos. Las **realidades subjetivas** son las interpretaciones individuales de esa realidad, moldeadas por el conocimiento y capacidad cognitiva que define cada intelecto.

La teoría postula que las realidades subjetivas, aunque diversas, están influenciadas por la realidad objetiva a que pertenecen. Es decir, las percepciones e interpretaciones del mundo están condicionadas por la realidad física. Sin embargo, estas realidades subjetivas no siempre se alinean perfectamente con la realidad objetiva, pudiendo existir desviaciones por inercia o procesos dinámicos desviatorios.

El artículo sugiere que el objetivo fundamental u propósito fundamental de las realidades subjetivas es sincronizarse con la realidad objetiva. Esta sincronización se logra a través de un proceso continuo de ajuste y corrección, en el que los intelectos confrontan sus cogniciones y percepciones con la evidencia empírica.

La teoría presentada en el artículo afirma ser capaz de facilitar esta sincronización, proporcionando un marco conceptual que permite a las realidades subjetivas alinearse con la realidad objetiva.

Español

Para que la teoría propuesta alcance su ambicioso propósito de sincronizar las realidades subjetivas con la objetiva, debe cumplir rigurosamente las condiciones establecidas:

1. **Autorespaldable:** La teoría debe basarse en evidencias observacionales claras y fácilmente comprensibles para los intelectos a que se dirige. Esto implica que las pruebas que la sustentan deben ser accesibles y verificables, sin necesidad de conocimientos especializados o interpretaciones complejas.
2. **Consistencia en sus argumentos:** Los argumentos de la teoría deben ser lógicos, coherentes y no contradictorios. Además, deben estar respaldados por evidencias empíricas sólidas, de manera que no puedan ser refutados fácilmente. Esto implica evitar cualquier tipo de imposición o manipulación de la información para forzar la aceptación de la teoría.
3. **Imposibilidad de manipulación de las evidencias:** Las evidencias que respaldan la teoría deben ser inmunes a cualquier forma de manipulación, ya sea por interpretación sesgada, imposición de ideas preconcebidas u ocultación de datos contradictorios. La transparencia y la honestidad en el manejo de la evidencia son fundamentales para garantizar la validez y la confiabilidad de la teoría.

Condición adicional:

Además de las condiciones mencionadas, la teoría debería cumplir con un cuarto requisito fundamental:

4. **Aplicabilidad práctica:** La teoría no solo debe ser conceptualmente sólida, sino también aplicable en la práctica.

¿La realidad como trayectorias?

Pero, ¿por qué trayectorias? Las trayectorias, en intelectos comparativos, siempre se aplican a otras entidades denominadas como referencias, y las trayectorias siempre serán diferencias. Este problema se resuelve en intelectos capaces de procesar de forma lógica, usando solo una única referencia que será la realidad misma.

La evidencia que nos ofrece la misma realidad es siempre irrefutable, aunque las interpretaciones dependen del nivel cognitivo y todo lo que implica, como el conocimiento y el poder de procesamiento lógico usando solo referencias de evidencias empíricas extraídas la realidad misma. Aun si se emplearan referencias de evidencias empíricas de la realidad misma, la capacidad cognitiva influye en el procesamiento de forma directa, debido a que una capacidad de procesamiento insuficiente genera interpretaciones por adición de referencias ficticias, influenciando directamente el resultado del procesamiento. La cognición siempre concluye en un resultado, ya que es una sucesión de causas que generan un efecto inevitable, y este efecto inevitable es el mismo resultado hasta sino es necesariamente correcto.

Seguimos explicando ¿Por qué las trayectorias?

Conforme a esta teoría, el elemento fundamental del cual se forma y evoluciona la realidad es el dinamismo, que no es del todo un elemento como estamos acostumbrados. No es algo completamente definido como tangible o intangible hasta si puede manifestarse en ambos estados de estructuración, pero siempre el dinamismo se detecta por su manifestación en presencia de dos elementos: la Masa (lo tangible) y el Espacio (lo intangible). Para la manifestación y el funcionamiento del Universo, esta teoría define tres elementos básicos: Masa, Espacio y Dinamismo, de los cuales derivan todos los demás. No confundir el Universo con la Realidad en sí, ya que el Universo es el estado volumétrico de la realidad, aunque en su etapa funcional toda realidad se resumirá en su existencia. Para entender por qué las trayectorias, solo se tendrá que explicar la etapa en la que las trayectorias se pueden manifestar, ya que las trayectorias necesitan espacio para manifestarse y solo manifestarán en presencia del espacio que define un universo volumétrico.

La masa, aunque es un elemento compuesto de dinamismo, no presenta ningún funcionamiento ni manifiesta ninguna trayectoria por ser representada por un dinamismo no iniciado. Por lo tanto, no produce cambios por sí misma, pero esto no implica que no se le puedan aplicar cambios.

El Espacio también es un elemento compuesto por dinamismo, pero con trayectorias indefinidas. Esto significa que manifiesta todo tipo de trayectorias, pero no puede manifestarlas por sí mismo hasta que lo permite. Es una forma de dinamismo que, aunque tiene trayectorias, estas son indefinidas. Por lo tanto, es dinamismo que, aunque puede manifestar cualquier trayectoria, no tiene una dirección definida.

En conformidad con las definiciones de masa y espacio, ambos son estructuraciones con características "contradictorias pero complementarias" de Dinamismo, donde el dinamismo representa una magnitud de potencialidad. Son como dos aspectos diferentes de la misma realidad subyacente. Estos dos elementos definen dos estados de potencialidad del Dinamismo.

El estado iniciado del dinamismo lo detectamos como la variedad de Energía, que también es un elemento compuesto por Dinamismo, pero iniciado. Esto indica la presencia de trayectorias activas, no solo potenciales, lo que implica una dirección que representa la potencialidad de un cambio activo. Conforme a lo postulado, este último elemento de dinamismo iniciado es el más importante para la actuación y evolución Universal, es decir, la formación, actuación y aumento, que permite la persistencia del Universo.

1. Si solo se dispusiera de Masa, tendríamos un universo compactado e inerte (no iniciado, aunque sería potencial).
2. Si solo se dispusiera de Espacio, tendríamos un Universo volumétrico inerte (no iniciado, aunque dispondría de una potencialidad potencial).

3. Si se dispone de masas repartidas en un espacio, se genera inevitablemente el tercer elemento y el universo comenzará a actuar (representado por una potencialidad Iniciada).

La formación de actividad dinámica se debe a la combinación entre las características estructurales de los elementos Masa y Espacio. La Masa se representa como compuesta por Dinamismo estructurado en una trayectoria omnidireccional convergente que genera un apoyo céntrico que impide la manifestación de desplazamiento, entonces son trayectorias potenciales. Sin embargo, si la Masa se sitúa en un espacio donde las trayectorias son indefinidas, estas se definirán en función de las trayectorias potenciales de la Masa. Una trayectoria potencial es una trayectoria que no se puede manifestar debido a una potencialidad contraria anulatoria o por falta de espacio. En el caso de la estructuración convergente de la masa, se cumplen ambas condiciones: las trayectorias están apoyadas céntricamente en un elemento sin espacio.

La propiedad de los elementos para el espacio y la masa se deriva de su capacidad de transformación. Si el espacio sincroniza sus trayectorias con la trayectoria de la masa, se producirá una conversión o transformación del espacio en masa, lo que producirá una disminución de espacio con un aumento dinámico potencial de la masa. Este proceso es reversible: si se afecta el apoyo céntrico, las trayectorias potenciales de la masa comenzarán a manifestarse, generando espacio y un proceso dinámico que conocemos como energía, observable en explosiones colosales en el universo o en explosiones nucleares artificiales.

Tanto la Masa como el Espacio son estructuraciones del dinamismo. Estos elementos por sí solos son inertes o no generan cambios, lo que indica la falta de manifestación de trayectorias. Esto define el dinamismo como la potencialidad del cambio si no está iniciado, pero si se inicia, definirá el cambio que conocemos como la variedad de energía.

Por lo tanto, lo más correcto para entender la Realidad es utilizar las Trayectorias, que pueden ser potenciales o iniciadas, no usar elementos en sí, ya sean tangibles o no. Sin embargo, esta teoría también se presenta en base a elementos para hacerla compatible con los intelectos comparativos.

Si se detecta la existencia de Masa y Espacio se debe solo por la configuración estructural que define el soporte donde actúan los intelectos con los sistemas perceptores de la realidad objetiva, pero en la realidad objetiva solo hay trayectorias potenciales o activas.

Potencialidades:

El dinamismo se define como la potencialidad inherente a la realidad. La masa representa una potencialidad estructurada, mientras que el espacio es una potencialidad estructurable. La interacción entre ambas desencadena la actuación (trayectorias definidas, cambio), que a su vez genera la manifestación de la realidad tal como la percibimos.

Es importante distinguir estas potencialidades definidas que manifiestan la Masa y el Espacio de la potencialidad que representa el estado "NADA". Mientras que la masa y el espacio poseen magnitudes definidas , debido que desde el termino definido se deriva condicionado, el estado de NADA se caracteriza por una potencialidad absoluta incondicionada, donde ninguna magnitud está definida. Por lo tanto, no solo no es una potencialidad dinámica, sino que tampoco es dinamismo. Sin embargo el estado "NADA", representa una capacidad potencial absoluta, aunque indefinida.

El dinamismo es la capacidad de generar cambios, basado en una magnitud definida donde lo que define también condiciona, lo que lo convierte en un elemento real y fundamental para la existencia y evolución del universo y la Realidad misma.

Realidad tangible con orígenes intangibles

Conforme a lo postulado en la teoría a la que pertenece este artículo, se definen dos estados: el estado Nada, definido como un estado de potencialidad no iniciado y sin limitaciones, y el estado Real, que se produce por un cambio de estado desde Nada a Real, con la formación de la primera referencia primordial. Esta referencia debe cumplir tres condiciones esenciales para su persistencia: generar funcionalidad, repetitividad y autoaumento. Si no cumple estas condiciones, no será persistente, será como una chispa que se apaga antes de encender el fuego.

¿Pero de dónde se concluye que esta referencia debe cumplir estas condiciones? Las evidencias se encuentran en el funcionamiento actual del Universo, en todos los sistemas funcionales que conforma el Universo ya consolidado, representado por varios niveles. Cada nivel funcional y su ensamblo se conforma a las propiedades de funcionalidad, repetitividad y autoaumento, para persistir. Cuando deja de cumplir una de estas condiciones, las restantes se ven afectadas, perdiendo la persistencia del sistema que conforman. Estas características también condicionan la Realidad misma.

¿Cómo está condicionada la Realidad por estas características? La funcionalidad de la realidad está bien definida por la teoría a la que pertenece este artículo, representada como una funcionalidad cíclica basada en sucesión de Universos. Un ciclo parte desde una referencia denominada Masa Primordial, que se desintegra generando desde su magnitud, multitud de referencias con sus diferencias. Esta multitud de referencias con sus diferencias representan masas variadas en magnitud, repartidas en un espacio común, generando diversas diferencias intermedias y volumétricas. Tanto las referencias como las diferencias definen una proporcionalidad perfecta en relación a la magnitud desde donde se han formado, ya que no es un proceso dinámico, sino una desintegración.

Español

Si en el estado de Masa Primordial toda la realidad se resume a esta Masa, indicando una concentración y una densidad extrema por falta de espacio, después de la desintegración y por la formación de espacio la realidad aumenta en volumen y componentes, y disminuye en densidad. Esta disminución de densidad permite la actuación de los componentes formados, convirtiendo una realidad inerte sin funcionalidad en una realidad dinámica y funcional. Esto define un cambio de estado de no iniciado a iniciado, desde un estado de potencialidad a un estado activo y funcional.

La desintegración se denomina "expansión" en la Teoría, para mantener compatibilidad con las teorías anteriores, pero no es una expansión en otra cosa, sino una disminución de densidad con aumento volumétrico que manifiesta la Realidad en sí misma. No se expande en otra cosa, se expande en sí misma, ya que la realidad se resume a una magnitud que la define y lo condiciona.

Como la realidad parte desde un estado no iniciado denominado por el autor de la teoría como Nada, y debido a un cambio de estado se va formando una referencia desde cual deriva todo lo existencial, se puede concluir que la Realidad misma, hasta si se detecta actualmente como Tangible y funcional, parte desde un estado intangible y no iniciado.

Paradojas y funcionamientos inusuales.

Nada: Si representa un estado que se define por la falta total de cualquier cosa, si la nada es real, entonces implica la falta de Nada en sí misma. Esto convierte el estado de Nada en un estado de máxima potencialidad, desde el cual puede surgir cualquier evento. Es como un recipiente indefinido y vacío que permite ser llenado con cualquier cosa en cualquier cantidad, debido a la falta de limitaciones, que en el caso de un recipiente definido que ya contendrá algo, estará condicionado por lo que ya contiene y como está definido.

Atemporalidad: La espera en un estado atemporal es nula por los conceptos que definen el tiempo. En el estado Nada no hay manifestación,

entonces al darse la primera manifestación será el principio del tiempo, debido a que el tiempo es un concepto referente a la sucesión de causas y efectos. Esto significa que el tiempo es una manifestación que puede no ser lineal, con diferencias en la percepción recibida por un consciente comparativo que lo detectará siempre como lineal, incluso si hay esperas serán anulatorias, si el perceptor es parte del mismo sistema a observar. Esto significa que un sistema iniciado que dejará de funcionar cambiará su estado a no iniciado. Desde un observador interno el tiempo se detiene al pararse el sistema; en este caso si el observador fuera parte de este sistema dejaría de manifestar la percepción temporal. Cuando el sistema se inicie de nuevo, para el observador será una percepción lineal atemporal por no ser capaz de detectar el estado no iniciado, aunque para un observador externo al sistema la observación será temporal por la continuidad funcional del sistema al que pertenece. Esto concluye que, incluso si hay una sucesión de momentos con periodos de inactividad eternos, los pertenecientes al sistema detectarán una sucesión lineal y continuo por ser capaz de detectar solo las sucesiones activas, aunque sean intermitencias de momentos activos con pausas eternas las pausas no se podrán percibir. En conclusión, en un estado no iniciado no se dan las condiciones para la comparación si no hay referencias en y por partes incluidas en el sistema no iniciado, entonces la detección intelectual temporal no se manifiesta debido a que el mismo procesamiento temporal intelectual es la manifestación activa de causas y efectos. Como comparación hipotética, es intentar medir y grabar el funcionamiento y la medición de la velocidad de un motor eléctrico con un medidor que utiliza la misma fuente de alimentación que el motor y una cámara de grabar; al visionar la grabación de la cámara se puede observar que la grabación será continua, incluso si hay interrupciones generales del suministro en todos los elementos.

Tangibilidad: Esta es, sobre todo, una percepción sensorial comparativa. Se percibe por la diferencia de consistencia/densidad y estructuración entre diversos elementos, utilizándose como referencia la consistencia del observador. En bases científicas, es la diferencia de masa entre las masas o elementos implicados. En conclusión, es una percepción comparativa también. La tangibilidad es un concepto intelectual relacionado con la consistencia. Entonces, la paradoja es la siguiente: si todo tiene la misma consistencia, se

anulará el concepto de tangibilidad, que incluye los elementos tangibles como los intangibles.

Expansión por transformación: Este concepto es esencial para definir la expansión de la Realidad en sí misma. Dado que la realidad no está contenida en otra cosa, todo lo que la define está englobado en sí misma. Por lo tanto, no se trata de una expansión en el sentido tradicional, donde algo aumenta dentro de otra cosa, ya que la realidad no cumple estas condiciones, puesto que lo existencial es lo que define lo real.

Todo lo medible y con lo que se puede medir está incluido en la realidad, por lo que no se puede medir, ya que toda acción afectaría del mismo modo al objeto medido y al medidor a escalas globales. Lo real está compuesto por elementos que son estructuraciones variadas de un elemento fundamental, lo que implica que tanto lo medido como el medidor están consolidados a partir de un único elemento considerado fundamental. En resumen, la realidad no se expande, solo modifica su densidad.

Un escenario hipotético para ilustrar esto sería un trozo de hielo seco aislado en un globo elástico. Al fracturarse parte de la superficie del hielo seco, se derrite y forma un gas de diferente densidad, lo que provoca un aumento volumétrico del sistema. Parte del hielo seco mantendrá un periodo fragmentos que siguen siendo densos, pero repartidos en un gas menos denso que se ha formado a partir del mismo elemento. La diferencia más importante radica en el volumen que ocupa cada estado: el volumen del gas es casi mil veces mayor que el volumen del hielo seco del que proviene, lo que resultará en una expansión en sí misma solo por cambio estructural del único elemento representado en el experimento por dióxido de carbono (CO2) y el globo. El globo solo se utiliza para aislar el sistema y facilitar la detección del efecto, donde el globo representa el límite aplicable de la realidad misma.

En el caso de la realidad, el elemento fundamental es el Dinamismo, considerado un elemento extremadamente transformable, desde lo intangible como el espacio hasta una tangibilidad extrema que define los elementos estructurados de masa. La magnitud del Dinamismo define la magnitud de la Realidad. Los elementos variados que conocemos como materia son solo aglomeraciones estructurales del dinamismo. La energía, por otra parte, es también una estructuración en trayectorias direccionales del mismo Dinamismo. El espacio, en cambio, es Dinamismo no estructurado, sin trayectorias definidas.

Tanto la masa como el espacio son Dinamismo no iniciado, mientras que la energía es Dinamismo iniciado y produce actuación. La magnitud diferencial combinatoria entre la masa y el espacio define la tangibilidad de las combinaciones, y la aplicación de energía a estas estructuras interfiere en la tangibilidad del conjunto, afectando la uniformidad o compactación.

Aumento dinámico: Este aumento solo se puede observar a nivel global y funcional de la Realidad misma. Es deducible por la evidencia observacional del Universo actual, donde se detecta una gran magnitud volumétrica que engloba elementos colosales tangibles repartidos en una colosal magnitud volumétrica. Esto posibilita un aumento del elemento fundamental que define la base estructural de estos elementos tangibles e intangibles e imposibilita la formación de estos elementos en una sola acción por las sucesiones y actuaciones detectadas en el Universo actual ya consolidado; por lo tanto, se propone un efecto gradual.

El aumento tiene que ser dinámico y del Dinamismo. El estado compactado es resultado de una actuación previa dinámica donde la actuación ha sido condicionada por el efecto de gravedad, que se detecta fácilmente en la cercanía de cualquier masa o aglomeración masiva de masa en el universo actual. En conclusión, la gravedad acercará todos los elementos de masa entre sí en un futuro universal, formando una masa colosal.

Si solo consideramos el efecto de gravedad como un efecto fundamental, se concluirá erróneamente que esta masa formada quedará siempre como una estructura de masa compacta, sin posibilidad de expandirse de nuevo por la colosal fuerza gravitacional que la gobierna. Pero si se considera como una actuación dinámica y que la gravedad no es una fuerza fundamental, sino una interacción inevitable entre la masa y el espacio, entonces la condición existencial para la manifestación de la gravedad es la coexistencia de masa y espacio.

Esto resultará en lo siguiente: en el universo actual, las masas se acercarán debido a que se dan las condiciones existenciales para la manifestación de la gravedad hasta un punto en el que todo el espacio será transformado en masas y todas estas masas serán concentradas en una única masa colosal, pero sin espacio. En este punto, toda la realidad será compactada y se definirá solo por el único elemento existencial en este punto, que será esta masa. Pero sin espacio dejará de manifestarse la gravedad, que es la causa de la formación y mantenimiento de esta masa.

En conclusión, si ya no hay nada que mantenga la estructura de esta masa, se desintegrará por la falta de una condición existencial de la gravedad, que es la falta de espacio. La desintegración de esta masa compactada generará una pérdida de densidad, donde parte del dinamismo que define la masa colosal se transformará en espacio. Por la formación del espacio empieza de nuevo a manifestarse la gravedad, que es un efecto inevitable por la coexistencia del espacio y la masa. Esto indica un nuevo ciclo universal y el principio de una actuación dinámica.

Si se analizará detenidamente, se observará que el proceso de unificación de las masas es un proceso dinámico, mientras que el proceso de desintegración es un proceso no dinámico. Entonces, si la desintegración no es dinámica y la reintegración es dinámica, resultará en un aumento de dinamismo en el ciclo de reintegración. En la actuación de la desintegración no se puede manifestar la aceleración por la inexistencia del espacio, pero en la reintegración se permite la aceleración por la existencia de espacio.

En conclusión, el aumento dinámico indica un aumento del dinamismo en el sistema, que se manifiesta debido a unos procesos donde una falta produce la desintegración no dinámica, y al restablecerse el elemento faltante, vuelve a producirse la reintegración, esta vez en un proceso dinámico por la existencia de gravedad y el espacio que permite la aceleración.

Origen Intangible o Inmaterial: Todo lo detectable y presente en la realidad es material y presenta un cierto grado de tangibilidad que se manifiesta o se detecta como consistencia. Sin embargo, también hay manifestaciones donde, aunque está implicada la consistencia, es de forma secundaria. Esta manifestación directa sobre la parte material se detecta como inercia y está presente en la aceleración de partes materiales en el espacio, desde donde se puede identificar una consistencia directa del espacio que indica una viscosidad. Cualquier cambio de posición de partes materiales implica la inercia, que es solo una adaptación de posición en función de una magnitud dinámica que implica una trayectoria.

El elemento fundamental es el Dinamismo, que se puede detectar como tangible o intangible. Tanto la masa (lo tangible) como el espacio (lo intangible) son estructuraciones del mismo elemento. El Dinamismo representa la capacidad de cambio, por lo que no se puede considerar tangible o intangible, ya que abarca toda la amplitud. Aunque la ciencia ha identificado efectos relacionados con las propiedades del dinamismo, estos son solo estructuraciones del mismo. Una de las estructuraciones más variadas observadas es la denominada Energía, que es solo Dinamismo iniciado y estructurado en trayectoria direccional, que siempre define la capacidad de cambio. El origen tangible de la Realidad tiene orígenes intangibles, o en otras palabras, el origen de lo Existencial tiene un origen Inexistencial que partió desde un estado Nada no iniciado. El elemento Dinamismo es un elemento que permite el cambio y que se ha formado desde un estado de potencialidad absoluta denominado Nada, que no es una paradoja, como se ha definido con anterioridad en este documento.

Conservación: El elemento fundamental se conserva y aumenta. Esto se debe al cambio de estado de Nada a Real, donde Real indica una funcionalidad. Ya se conoce por la ciencia que la magnitud de Masa y Energía en un proceso no se pierde, sino que se transforma. Estas son características del Dinamismo, que no puede desaparecer. La Nada ya no existe en el estado Real por ser un estado ya iniciado. La realidad está definida por sí misma; toda la realidad es un sistema cerrado, por lo que no hay transferencias dinámicas a otro sistema. Entonces, el dinamismo se conserva porque permite el aumento. El único modo de revertir el proceso dinámico y cambiar del estado Real a Nada es detener todos los procesos, lo que casi se concluye en el estado donde toda la realidad se resume a un único elemento que engloba toda la realidad, pero este estado no es persistente por falta de espacio. El estado de un elemento es semejante a la formación de la primera referencia que marcó el cambio de estado de Nada a Real, solo diferenciándose en la Magnitud Dinámica que lo representa. Entonces, la Realidad, por ser un sistema cerrado pero flexible, conservará todo el dinamismo preexistente, permitiendo el aumento. Esto explica la magnitud del universo actual y los principios de conservación observados para la masa y la energía.

Aumento volumétrico y material: Las evidencias observacionales indican un Universo colosal con una magnitud volumétrica enorme, ocupada por una cantidad colosal de elementos materiales en un continuo desplazamiento provocando una continua combinación, lo que es contradictorio a un estado Nada no iniciado. Si todo partió desde Nada, entonces la evolución implica un aumento. Esto se debe al carácter acumulativo que se debe a la conservación del elemento fundamental. Si el Dinamismo aumenta en magnitud, entonces la Realidad también. Esto significa que si todo lo existencial, desde el espacio hasta la materia, acciones e interacciones, son el resultado del dinamismo, al aumentar el Dinamismo se generará más espacio y materia, por lo que habrá más acciones e interacciones. El aumento del Dinamismo resulta en un aumento de la Realidad misma, que implica los componentes, el espacio y la actuación, resultando en un aumento volumétrico, material y dinámico.

Visión cerrada: Todo lo anterior es una representación de una visión cerrada generada por un intelecto englobado en la misma realidad. Por lo tanto, esta visión está limitada por la realidad misma, de igual modo que el ejemplo hipotético del medido y el medidor englobados en un sistema variable a medir. Sin embargo, está sustentada por las observaciones funcionales intrínsecas a la realidad misma, accesible a todos los observadores presenciales con capacidad cognitiva equivalente.

Puntos clave de la teoría a que pertenece este articulo:

1. **El estado de "Nada":** Se define como un estado sin tiempo, leyes físicas ni limitaciones, un estado de potencialidad pura donde cualquier cosa es posible. Es un estado no iniciado.
2. **La primera referencia:** Surge espontáneamente desde el estado de "Nada" debido a su potencialidad ilimitada. Esta primera referencia debe cumplir con tres condiciones para persistir y dar lugar a la realidad:
   - **Funcionalidad:** Debe generar algún tipo de acción o efecto.
   - **Repetitividad:** Su funcionalidad debe ser cíclica para garantizar la continuidad.
   - **Acumulabilidad:** Debe aumentar su funcionalidad a través de la replicación, combinación o generación de nuevas referencias.
3. **El Dinamismo:** Es el elemento fundamental del que deriva todo lo existente, tanto lo tangible (masa) como lo intangible (espacio). El dinamismo no iniciado es masa o espacio, mientras que el dinamismo iniciado es energía.
4. **Expansión por transformación:** La realidad no se expande en el sentido tradicional, sino que pierde densidad a medida que el Dinamismo se transforma generando aumento volumétrico.
5. **Aumento dinámico:** El aumento del Dinamismo resultará en un aumento Dinámico que define la Realidad misma lo que incluye sus componentes y el espacio. Este aumento es el resultado de un proceso

cíclico que se debe a la interacción entre masa y espacio, que genera gravedad y permite la aceleración.

6. **El tiempo como interpretación:** La teoría niega el tiempo como entidad fundamental objetiva y lo define como una interpretación intelectual de las sucesiones de causas y efectos, trasladando su relevancia a la realidad subjetiva.
7. **La conciencia:** Es una estructuración compleja del Dinamismo y puede generar cambios en la realidad.
8. **Libre albedrío y propósito:** El libre albedrío está limitado por las leyes, condiciones y las características de cada realidad (objetiva u subjetiva) de forma individual y conjunta. El propósito de la existencia es la funcionalidad para garantizar la persistencia, y en el caso de la vida, se manifiesta en el instinto de perpetuación.

En resumen, la teoría de Bepe Popu presenta una combinación de ideas que tienen cierta resonancia con el conocimiento científico actual, pero también introduce conceptos radicalmente nuevos y desafiantes. Su validez y utilidad dependerán de su capacidad para explicar los fenómenos observados de manera más precisa y coherente que las teorías existentes, así como de su capacidad para generar nuevas predicciones comprobables experimentalmente.

Índice:

Página 20. Aplicación de la tercera ley de Newton a una explosión omnidireccional

- Acción
- Reacción

Página 23. Aplicando lo anterior a la explosión de una estrella que da lugar a un agujero negro, según la teoría propuesta

- La Acción
- La reacción
    - Diferencias con el modelo clásico (Página 24)
        - No existe una "fuerza de gravedad" independiente
        - El agujero negro como nuevo elemento
    - Implicaciones (Página 25)
        - Reinterpretar la gravedad
        - La nueva visión de los agujeros negros
        - Resumen

Página 28. Todo y Realidad
Página 31. Energía y dinamismo: una nueva perspectiva

- ¿Por qué es válido?

Página 33. La energía como concepto generalizado y su relación con el dinamismo

Página 33. La energía como simplificación intelectual

- Extrapolando el concepto de energía y la definición de dinamismo postulados por Bepe Popu

Página 35. El espacio como entidad real

- **Creación de espacio**
    - Se propone un experimento sencillo
        - Conclusiones

Página 37. Evidencias y equilibrio total

- Conclusión (Página 38)

Página 41. La Reversibilidad en la ciencia actual
Página 42. La teoría de Bepe Popu y la reversibilidad

- Puntos respaldados por la ciencia
    - Ley de conservación de la masa
    - Ejemplos de reversibilidad
- Puntos que requieren aclaraciones o explicaciones adicionales
    - Limitaciones tecnológicas
    - Reacciones nucleares
    - Los agujeros negros y la teoría de Bepe Popu
- En conclusión

Página 44. ¿Por qué en el Universo o en la Realidad predominan los desplazamientos orbitales elípticos, fácilmente detectables en el desplazamiento planetario?

- Individualidad (Página 47)
- Condicionamiento de grupo (Página 47)

Página 47. ¿Por qué la Luna nos muestra siempre la misma cara?
Página 50. Definición de tangibilidad

- Veamos cómo se relacionan los conceptos (Página 51)
    - La masa como dinamismo estructurado:
    - Explosión nuclear y desintegración de la masa
    - El dinamismo liberado como energía y espacio

Bibliografía :

Teoría de la Realidad Fundamental Es+Ro
Teoría de la Realidad versión bilingüe Español + Rumano
Popu, Bepe
E-book 9788411747660
Libro 9788411749350

Teoría de la Realidad
Teoría fundamental de la realidad.
Popu, Bepe
E-book 9788411747332
Libro 9788411749251

The I
The 50 Years of my Eternity
Popu, Bepe
E-book 9788413735146
Libro 9788411746557

El Yo
Los 50 Años de mi Eternidad
Popu, Bepe
E-book 9788413733272
Libro 9788411746427

Modelo atómico 2022
Nuevo Modelo atómico propuesto
Popu, Bepe
E-book 9788413267234
Libro 9788411746045

El Pequeño de lo Grande
Teoría Del Todo Funcional por Bepe Popu
Popu, Bepe
E-book 9788413265575
Libro 9788411745871

Teoría de TODO Funcional
Presentación de un sistema funcional del TODO
Popu, Bepe
E-book 9788411744799
Libro 9788411745659

Conocimiento | Teoría| Por Bepe Popu
Continuación Teoría del Todo por Bepe Popu | Conocimiento
Popu, Bepe
E-book 9788411744058
Libro 9788411745437

El Todo | Teoría| Por BEPE POPU
La teoría del TODO | Definitivo | Por BEPE POPU
Popu, Bepe
E-book 9788411741903
Libro 9788411745185

La teoría del Todo | El libro | Por Bepe Popu
ORIGEN | Principio, desarrollo y final CÍCLICO del TODO
Popu, Bepe
E-book 9788411234771
Libro 9788411236720

El libro humano
Este libro es una derivación de la TEORÍA DEL TODO
Popu, Bepe
E-book 9788413738468

El Espacio - Parte del Teoría del todo por Bepe Popu
Causas y efectos de las MASAS, MASA y EL ESPACIO
Popu, Bepe
E-book 9788413737942
Libro 9788411234634

El libro barato de un millón
Continuación Teoría del Todo por Bepe Popu | El fin de la FANTASIA
Popu, Bepe
E-book 9788413736501
Libro 9788411234573

La Teoria del TODO
Popu, Bepe
Principio, Desarrollo y fin del TODO
E-book 9788413730936

Créditos:

„Impresión y editorial: BoD – Books on Demand
info@bod.com.es - www.bod.com.es
Impreso en Alemania – Printed in Germany"

ISBN: 9788411747202

R002/2024